香江社会救助基金会 ◎ 著

乡村儿童心理健康调查报告

广东高等教育出版社
Guangdong Higher Education Press
·广州·

图书在版编目（CIP）数据

乡村儿童心理健康调查报告/香江社会救助基金会著. —广州：广东高等教育出版社，2023. 12

ISBN 978-7-5361-7195-4

Ⅰ. ①乡…　Ⅱ. ①香…　Ⅲ. ①农村-儿童-心理健康-调查报告-中国　Ⅳ. ① B844.1

中国国家版本馆CIP数据核字（2023）第197869号

XIANGCUN ERTONG XINLI JIANKANG DIAOCHA BAOGAO

出版发行	广东高等教育出版社 地址：广州市天河区林和西横路 邮编：510500　营销电话：（020）87551436 网址：www.gdgjs.com.cn
印　　刷	广州市番禺区友联彩印厂
开　　本	787毫米×1092毫米
印　　张	9.5
字　　数	176千
版　　次	2023年12月第1版
印　　次	2023年12月第1次印刷
定　　价	38.00元

致　谢

感谢全国18家合作单位协助本书的调查取样。特别感谢大力协助调查实施的以下合作单位（排序不分先后）：

中国共产主义青年团梅州市委员会
韶关市仁化县教育局
甘肃省山丹县焉支星火爱心公益协会
湖南省衡阳县弘德社会工作发展中心
广东省江门市新会区彩虹社会工作综合服务中心
四川省凉山彝族自治州昭觉县凉善公益促进会
安徽省砀山县李庄镇李桥小学
湖北省孝感市大悟县黄站镇团冲小学
甘肃省山丹县陈户镇范营小学
甘肃省山丹县位奇镇位奇中心小学
广东省韶关市翁源县龙仙镇中心小学
四川省凉山彝族自治州美姑县牛牛坝乡阿波觉村爱慕小学
四川省凉山彝族自治州美姑县采红乡采红村晓明爱心小学
广东省梅州市大埔县三河镇梓里学校
广东省梅州市梅县区雁洋镇友珊小学
黑龙江省牡丹江市海林市柴河林业局第三小学
湖南省衡阳市衡阳县曲兰镇培才学校
湖南省衡阳市衡阳县金兰镇山水完全小学

陈祉妍简介

中国科学院心理研究所教授，中国科学院心理研究所国民心理健康评估发展中心负责人。中国心理学会医学心理专业委员会委员，中国心理学会心理学普及工作委员会委员，中国心理卫生协会青年工作委员会主任委员等。主要研究领域包括国民心理健康状况调查、青少年心理健康追踪研究、心理健康应用测评及干预。担任心理健康蓝皮书系列《中国国民心理健康发展报告（2021—2022）》《中国国民心理健康发展报告（2019—2020）》《中国国民心理健康发展报告（2017—2018）》副主编，主编《日常生活心理健康50问》等科普图书。

前言

乡村儿童的成长相比城市儿童，需要更多的关注和重视，特别是乡村留守儿童这一特殊群体，他们的健康成长、权益保护已经成为不容忽视的社会问题。虽然我国已经有针对乡村儿童和留守儿童的形式多样的调研，但基于该群体人数庞大、地域分布广泛、所在地区城市化进程不同及师资力量差异大等特点，针对该群体开展深入、全面的调研仍十分必要。

2021年1月至6月，香江社会救助基金会与中国科学院心理研究所国民心理健康评估发展中心合作，在全国范围内抽取7个省16所小学参与调查，共收集乡村儿童样本有效问卷2 498份，乡村儿童家长样本有效问卷694份，乡村小学教师样本有效问卷81份。乡村儿童篇调查结果显示：乡村儿童的抑郁风险检出率为25.2%，焦虑风险检出率为25.7%。有超过三成乡村儿童睡眠质量存在问题，随着年级升高，他们的睡眠问题呈上升趋势。乡村儿童的睡眠质量越好，他们的抑郁、焦虑水平越低，问题行为人数百分比越低。留守儿童的心理健康风险更大，留守儿童抑郁风险检出率为28.5%，焦虑风险检出率为27.7%，均高于非留守儿童。留守儿童的问题行为显著多于非留守儿童，小学男生问题行为显著多于小学女生。非留守儿童的自尊水平、坚毅力水平、同伴关系质量显著高于留守儿童。

乡村儿童家长篇调查结果显示：父母抑郁、焦虑水平越高，父母报告的乡村儿童问题行为越严重；亲子亲合程度越高，父母报告的乡村儿童问题行为越少。一直与父母生活在一起的乡村儿童，他们父母报告的乡村儿童问题行为更少；未离异家庭，父母报告的乡村儿童问题行为最少。

乡村小学教师篇调查结果显示：乡村小学教师的心理健康问题不容忽视，乡村小学教师的抑郁风险检出率为29.6%，其中3.7%的乡村小学教师为抑郁高风险。乡村小学教师的焦虑风险检出率为20.0%，其中1.8%的乡村小学教师有高度焦虑风险。乡村小学教师的职业倦怠水平对他们的心理健康水平有预测作用。乡村小学教师的教师心理健康知识与技能，排名前三依次为：培养学生的自信、学会倾听学生、保持积极乐观的心态。乡村小学教师迫切需要提升的教师心理健康知识与技能，排名前三依次为：会使用量表、问卷等给学生做心理测试，了解天性与教养相互作用的知识，了解学生的恋爱心理。

本报告建议：针对乡村儿童的心理健康建设体系，重视对乡村儿童心理健康状况的评估与排查；加强对乡村儿童心理健康的科普与服务；重视留守儿童群体的心理健康建设；增加建设乡村儿童心理健康事业的专业人才与资源。鼓励父母增加对乡村儿童教育与成长的投入。重视乡村小学教师职业倦怠的现状，提升乡村小学教师的心理健康素养。

目录

第一章　调查背景

第一节　乡村儿童心理健康状况现状

随着经济发展和城市化进程加快，城市和乡村在教育资源上的差异逐渐拉大，乡村儿童的成长相比城市儿童，需要更多的关注和重视。同时，乡村劳动力大量向城市转移，特别是在贫困地区，农民把外出务工作为增收的主要渠道，由此伴生了乡村留守儿童这一特殊群体。他们的健康成长、权益保护已经成为不容忽视的社会问题。

从人的生涯发展来说，儿童时期是心理健康建设打基础的关键时期，儿童时期的健康成长会使个体终生获益，儿童时期的心理健康问题如及时发现并应对，可以有效缓解对儿童身心成长的负面影响。针对儿童的心理健康状况加强心理干预，关乎孩子的终生发展。加强乡村儿童尤其是乡村留守儿童权益保护，促进其健康成长、培养良好素质，是促进社会和谐稳定的重要民生问题。

国内部分学者对乡村儿童的心理健康开展了调研。在乡村儿童心理健康调查的相关研究中，目前较多采用长处和困难问卷（Strengths and Difficulties Questionnaire，SDQ）、心理健康诊断测验（Mental Health Test，MHT）、90项症状自评量表（Symptom Check-List-90，SCL-90）、儿童抑郁量表（Children's Depression Inventory，CDI）、儿童孤独量表（Children's Loneliness Scale，CLS）、儿童社交焦虑量表（Social Anxiety Scale for Children，SASC）和儿童自我意识量表（Children's Self-Concept Scale，CSCS）等量表开展调查研究。

刘正奎、周月月和王佳舟[1]对我国12个省27个县的20 321名乡村儿童的情绪行为问题进行了评估，研究发现双亲留守儿童和非留守儿童的情绪行为问题有显著差异，非留守儿童的心理健康最好，双亲留守儿童的心理健康状况最差（3～6岁儿童除外）。在各年龄段的乡村儿童中，初中一年级儿童的情绪行为问题最多，有11.3%的儿童有显著的情绪行为问题。只有小学四年级儿童有明显的性别差异，男生的情绪行为问题比女生更严重。

北京大学、中国社会科学院和首都经济贸易大学联合课题组调查发现，当前我国贫困地区乡村寄宿制学校儿童的心理健康状况堪忧[2]，与2010年全国抑郁测量的常模结果[3]相比，此次受访的乡村儿童平均抑郁得分约为18.9分，高出全国常模的平均得分（13.2分）约5.7分。有58.7%受访儿童的抑郁得分超过临界水平（15.0分），远高于全国常模的33.3%。

满小欧和曹海军[4]调查发现乡村社区10～15岁留守儿童心理疾患得分为（9.2±3.5）分，心理健康总体水平处于合理范围；924名10～15岁乡村留守儿童中，心理疾患低风险检出784人，检出率为84.85%；高风险检出140人，检出率为15.15%。

孙桂香等[5]调查发现江苏北部地区（以下简称“苏北”）某市三县区11所乡镇乡村中学的2 001名学生的基本心理健康情况良好，但同时中度以上心理问题（＞3分）的检出率为3.1%。其中焦虑风险检出率为第一位。

耿芸和赵雄伟[6]调查发现云南省昆明市滇源镇三至六年级学生心理健康水平总体较高，但“心理健康状况欠佳”及“心理健康高风险”均有阳性检出，总阳性检出率达13.2%；针对心理健康八项内容进行分析，各指标均有阳性检出，前四位为学习焦虑、冲动倾向、过敏倾向及自责倾向；不同年级学生的心理健康状况存在不同倾向性。留守学生心理健康总体水平低于非留守学生，且女生较男生差异更为明显，留守女童的心理健康水平堪忧。

刘芳等[7]调查发现湖北省十堰市竹山县某中学602名中学生心理健康问题检出率为18.30%，其中学习焦虑测验平均得分和检出率最高。留守儿童心理健康问题检出率为26.67%，非留守儿童心理健康问题检出率分别为18.27%，差异显著（$p<0.05$），留守儿童出现心理健康问题的风险更高。

在“留守儿童情绪障碍的研究”中，通过采用焦虑自评量表和抑郁自评量表，对52例留守儿童和59例非留守儿童进行问卷调查和评定，王玲玲等[8]发现留守儿童的焦虑水平、抑郁水平、焦虑及抑郁症状检出率均显著高于非留守儿童，因此，留守儿童比非留守儿童更加需要心理上的帮扶。

在“14～16岁留守儿童心理状况及自杀倾向分析”的研究中，李光友和陶方标[9]通过参考美国疾病预防控制中心青年危险行为监测系统的自杀行为定义来设计调查问卷，调查852名安徽省六安市在校学生，研究发现留守儿童的自杀意念发生率显著高于非留守儿童，但在自杀计划、自杀行为发生率中并无明显差异。同样，在“贵州省≤14岁留守儿童自杀意念与父母外出打工类型关系”的研究[10]中发现了相似的情形，该研究采用分层随机抽样方法对贵州省3 745名年龄小于等于14岁的儿童青少年进行了自杀意念问卷的调查，发现留守儿童的自杀意念发生率为12.9%，非留守儿童的自杀意念发生率为9.4%，留守儿童的自杀意念发生率显著高于非留守儿童。

采用社会支持评定量表和问题行为问卷对112名初中留守儿童和132名对照组儿童进行测查，刘霞、范兴华和申继亮[11]发现初中留守儿童的违法和违纪行为高于非留守儿童。

根据以上研究和《中国留守儿童心灵状况白皮书》[12]调查结果，处于留守状态的学生的愉悦状态和核心自我评价水平均显著低于非留守学生，而烦乱和迷茫等情绪状态显著高于非留守学生。留守状态学生有5个以上朋友（有效减少社交回避倾向）的比例明显低于非留守学生，留守学生积极心理比例同样低于非留守学生。情绪状态低迷、朋友数量少、缺乏积极心理等情况容易引发社交回避和社交焦虑，对留守学生的社交问题产生了恶劣的影响。

虽然我国已经有针对乡村儿童和留守儿童的形式多样的调研，但基于该群体人数庞大、地域分布广泛、所在地区城市化进程不同及师资力量差异大等特点，针对该群体开展深入、全面的调研仍十分必要。

第二节 国家及地方对儿童心理健康教育的帮扶政策

当前，党和国家越来越重视乡村儿童的心理健康教育，各地方教育部门也结合实际情况，制订了相关的行动计划，促进了学生身心健康发展。

一、儿童心理健康教育国家相关政策

1999年，教育部首次针对中小学心理健康教育提出一系列建议，下发《关于加强中小学心理健康教育的若干意见》（教基〔1999〕13号）[13]。2001年9月，教育部专门成立了全国中小学心理健康教育咨询委员会。随后，《中小学心理健康教育指导纲要》（教基〔2002〕14号）[14]于2002年出台，全国中小学心理健康教育逐步走上了发展正轨。十年后，教育部于2012年印发了《中小学心理健康教育指导纲要（2012年修订）》（教基一〔2012〕15号）[15]。2016年，全国妇联与教育部、中央文明办、民政部、文化部、国家卫生计生委、国家新闻出版广电总局、中国科协、中国关工委共同印发

《关于指导推进家庭教育的五年规划（2016—2020年）》（妇字〔2016〕39号）[16]，将心理健康教育作为家庭教育的重点内容，引导家长重视孩子心理健康。2017年，教育部出台《中小学德育工作指南》（教基〔2017〕8号）[17]，明确将心理健康教育纳入德育工作内容，指导各地各校全面推进心理健康教育，加强制度、课程、场所和队伍建设，培养学生健全的人格和良好的心理品质。2021年，教育部、国家发展改革委、财政部、国家卫生健康委、市场监管总局等五部门联合印发《关于全面加强和改进新时代学校卫生与健康教育工作的意见》（教体艺〔2021〕7号）[18]指出，强化心理健康教育，加大学校心理健康人才队伍建设，2022年配备专（兼）职心理健康工作人员的中小学比例达到80%，2030年达到90%。这些文件从政策上多维度地确认和强调了中小学心理健康教育的重要性，中小学开展心理健康教育的积极性和主动性明显提高，取得了一定的成效。

二、儿童心理健康社会服务相关政策

2018年，国家卫生健康委、中央政法委、中宣部、教育部、公安部、民政部、司法部、财政部、国家信访局、中国残联10部门联合印发《全国社会心理服务体系建设试点工作方案》[19]，这项为期三年的试点工作正式启动。到2021年年底，试点地区逐步建立健全社会心理服务体系。试点工作方案还提出了四个方面的具体工作指标，其中两项与儿童心理健康社会服务相关。第一项指标是依托村（社区）综治中心等场所，普遍设立心理咨询室或社会工作室，为村（社区）群众提供心理健康服务。以村（社区）为单位，心理咨询室或社会工作室建成率达80%以上。第二项指标是要求中小学设立心理辅导室，并配备专职或兼职教师，有条件的学校创建心理健康教育特色学校。培育发展一批社会心理服务专业机构，为大众提供专业化、规范化的心理健康服务。利用各种资源，建立24小时公益心理热线。

三、农村留守儿童关爱教育相关政策

2013年，教育部等5部门印发《关于加强义务教育阶段农村留守儿童关爱和教育工作的意见》（教基一〔2013〕1号）[20]，对加强留守儿童受教育全程管理、心理健康教育、法制安全等作出明确要求。2016年，国务院公布了《关于加强农村留守儿童关爱保护工作的意见》[21]（以下简称《意见》），提出从家庭监护、政府责任、教育任务、群团组织、财政投入五个维度着手，建立完善农村留守儿童关爱服务体系，使未成年人保护法律法规和制度体系更加健全，唤起全社会对留守儿童的关爱，最终使儿童留守现象减少，令儿童的成长环境更健康。《意见》中要求确保农村留守儿童不因贫困而失学，并要求学校加强心理健康教育，指出“引导扶持农民工返乡创业就业”和“为农民工家庭提供更多帮扶支持”这两点，希望从源头改善乡村儿童的留守情况。尽管政府为保障留守儿童的生活质量提供了巨大的帮助，但留守儿童仍然缺少来自父母的关爱和照顾，直接或间接地导致了留守儿童心理畸形发展的可能性。为了解决留守儿童面对的细腻的情感问题，社会力量的帮助必不可少。《意见》中提到，应加快孵化培育公益慈善类社会组织和志愿服务组织，并通过政府购买服务等方式支持开展农村留守儿童心理疏导、社会融入和家庭关系调节等工作。

2019年，教育部、民政部等10部门出台《关于进一步健全农村留守儿童和困境儿童关爱服务体系的意见》（民发〔2019〕34号）[22]，要求各地将农村留守儿童关爱保护和困境儿童保障纳入政府购买指导性目录，有针对性地为精神关怀缺失、遭受家庭创伤等儿童提供人际调适、精神慰藉、心理疏导等专业性关爱服务。鼓励和引导社会力量广泛参与，积极培育儿童服务类的社会工作服务机构、公益慈善组织和志愿服务组织。支持社会工作者、心理咨询工作者等专业人员提供心理疏导、亲情关爱等服务。[23]

对国家层面关于心理健康教育的政策文件进行汇总，如表1-1所示，充分说明近年来政府强调了中小学心理健康教育的重要性，加大了青少年心理健康服务力度，营造了良好发展环境，不断地探索儿童青少年人群心理健康服务模式。

表1-1　国家关于心理健康教育的重要政策文件

发布时间	发文机构	发文字号	文件名称
1999年8月	教育部	教基〔1999〕13号	关于加强中小学心理健康教育的若干意见
2002年8月	教育部	教基〔2002〕14号	教育部关于印发《中小学心理健康教育指导纲要》的通知
2012年12月	教育部	教基一〔2012〕15号	教育部关于印发《中小学心理健康教育指导纲要（2012年修订）》的通知

续上表

发布时间	发文机构	发文字号	文件名称
2013年1月	教育部等	教基一〔2013〕1号	教育部等5部门关于加强义务教育阶段农村留守儿童关爱和教育工作的意见
2014年3月	教育部办公厅	教基一厅函〔2014〕14号	教育部办公厅关于实施中小学心理健康教育特色学校争创计划的通知[24]
2015年7月	教育部办公厅	教基一厅函〔2015〕36号	教育部办公厅关于印发《中小学心理辅导室建设指南》的通知[25]
2016年2月	国务院	国发〔2016〕13号	国务院关于加强农村留守儿童关爱保护工作的意见
2016年11月	全国妇联等	妇字〔2016〕39号	关于印发《关于指导推进家庭教育的五年规划(2016—2020年)》的通知
2017年8月	教育部	教基〔2017〕8号	教育部关于印发《中小学德育工作指南》的通知
2018年11月	国家卫生健康委等	国卫疾控发〔2018〕44号	关于印发全国社会心理服务体系建设试点工作方案的通知
2019年4月	民政部等	民发〔2019〕34号	关于进一步健全农村留守儿童和困境儿童关爱服务体系的意见
2019年12月	国家卫生健康委等	国卫疾控发〔2019〕63号	关于印发健康中国行动——儿童青少年心理健康行动方案(2019—2022年)的通知[26]
2020年4月	国家卫生健康委办公厅等	国卫办疾控函〔2020〕336号	关于印发全国社会心理服务体系建设试点2020年重点工作任务及增设试点的通知[27]
2021年7月	教育部办公厅	教思政厅函〔2021〕10号	教育部办公厅关于加强学生心理健康管理工作的通知[28]
2021年8月	教育部等	教体艺〔2021〕7号	教育部等五部门关于全面加强和改进新时代学校卫生与健康教育工作的意见

近年来各省（市）也大力加强心理健康教育，部分政策文件如表1–2所示。

表1–2 北京市、上海市、湖南省、广东省关于心理健康教育的部分政策文件

发布时间	发布机构	文件名称	主要内容
2014年4月	北京市教育委员会	北京市教育委员会关于印发《北京市中小学心理健康教育工作纲要（修订）》的通知（京教基一〔2014〕3号）[29]	中小学心理健康教育工作基本原则：科学指导与注重实效相结合，面向全体学生与关注个体差异相结合，发展、预防与危机干预相结合，学生主体地位和教师主导作用相结合。 主要内容：中小学心理健康教育的主要内容包括认识自我、学会学习、人际交往、情绪调适、生涯规划等方面。要针对学生的年龄特点和发展需要，运用团体辅导、专题讲座、角色扮演、心理剧、心理游戏等方法开展专题教育。设置具体的心理健康教育内容，构建科学系统的心理健康教育课程体系。 加强队伍建设，保障中小学心理健康教育工作的可持续发展。500名以上学生规模的学校应创造条件，适当增加心理教师的数量。 加强研究，提高中小学心理健康教育工作的实效性。每个区县至少配备中、小学心理健康教育教研员各一名，每月至少组织一次辖区内心理健康教育教师的教研活动
2020年9月	北京市教育委员会、北京市卫生健康委员会	北京市教育委员会 北京市卫生健康委员会关于组织开展中小学生心理体检与心理危机干预试点工作的通知（京教基一〔2020〕10号）[30]	建立家校社三位一体心理健康教育工作体系，有效预防和减少极端行为发生。遵循预防为主、医教合作、尊重科学的基本原则。 心理体检与心理危机干预试点工作区及人员范围：丰台区、石景山区、房山区全体中学生。 成立试点工作组，推动学校与精神卫生专业机构合作，建立心理体检服务机制、危机干预协同响应机制、心理健康教育联合培训机制。 通过“暖翼”校园心理体检平台，组织试点区学生通过线上问卷答题的形式，进行心理健康状况体检测评（调查）。对严重危机个案及疑似精神障碍者，在市级相关部门的指导下，通过“绿色就诊通道”，转介至专科医疗机构，进行治疗

续上表

发布时间	发布机构	文件名称	主要内容
2021年9月	北京市教育委员会	北京市"十四五"时期教育改革和发展规划（2021—2025年）[31]	实施"一十百千"工程，开展"四个一"活动，大力构建大中小幼一体化德育体系。 注重学生全面发展，大力发展素质教育，促进德育、智育、体育、美育和劳动教育有机融合。 健全学校健康教育工作体系，配齐心理教师、卫生专业技术人员和营养健康管理人员，做好学生常见病监测和防治。将健康教育融入日常教学和学生管理，关注青少年心理健康，探索医教结合、学段衔接、校内外有效协同的心理健康教育工作模式
2021年10月	北京市教育委员会	北京市教育委员会关于加强中小学生心理健康管理工作的通知（京教函〔2021〕488号）[32]	推动构建"学校、家庭、社会"三位一体心理健康教育工作体系，着力提升学生心理健康素养，增强调控情绪、应对挫折、适应环境的能力。 引导学生树立远大理想，厚植家国情怀，传承奋斗精神，培育积极乐观的人生态度和坚韧不拔的意志品质。充分发挥体育、美育、劳动教育以及校园文化的重要作用，积极推广中华传统体育项目，广泛开展普及性体育运动和丰富的艺术实践活动，吸引学生积极参加各种健康向上的校园文化生活和学生社团活动。 强化日常预警防控。学校要建立"班级—年级—学校"三级预警信息报告机制，及时关注家庭经济困难学生、单亲家庭学生、身体残疾或有严重健康问题学生、留守儿童、流动儿童，关心学生生活，预见并有效解决学生心理问题。 建立市、区、校三级心理咨询服务平台，建好用好北京市中小学数字德育网师生在线心理咨询服务平台、12355青少年心理咨询服务热线，提供24小时心理问题留言平台。区教委要建立区级中小学生心理辅导中心
2012年12月	上海市教育委员会	上海市教育委员会关于加强区县中小学心理健康教育中心建设的意见（沪教委德〔2012〕53号）[33]	深入推进《上海市中小学生生命教育指导纲要》和《上海市中小学健康教育实施方案》实施，建设以指导、培训、服务、研究为主要功能的心理健康教育中心。 软硬件配置应符合区县心理健康教育工作的实际需要，便于操作和进行培训。凸显中心的引领作用，发挥其对区域内学校心理健康教育工作的辐射功能。 中心专职人员除具有心理学，或教育学，或医学专业本科及以上学历外，还必须获得上海市学校心理咨询师证书。充分依托专业机构的力量，可面向社会聘请具有上海市学校心理咨询师证书或国家心理咨询师证书人员组成志愿者队伍。 中心一般应设教师培训区（兼心理探究区）、心理测评区、沙盘游戏区、心理放松区、情绪宣泄区、个别咨询区、教师办公区、接待区（兼阅览区）和会议室等

续上表

发布时间	发布机构	文件名称	主要内容
2017年4月	上海市教育委员会	上海市教育委员会关于“十三五”期间加强中小学心理健康教育教师队伍建设的实施意见（沪教委德〔2017〕12号）[34]	根据中小学生心理健康的发展需求，到2020年，配齐配足中小学心理健康教育教师，基本实现专职心理健康教育教师全覆盖，建设一支结构合理稳定、遵循科学规律、遵守专业伦理、专业能力过硬的中小学心理健康教育教师队伍。 发挥学校心理辅导室的功能，为有需要的学生提供个别辅导、小组辅导、家庭辅导。适时转介有严重心理疾病的学生，协助医疗机构和家庭促进学生康复。 市、区两级教育行政部门、行业主管部门和学校要加大对心理健康教育教师队伍建设的经费投入，优化教育培训。 市教委将委托专业机构定期举办中小学心理健康教育骨干教师高端研修班，分期分批对中小学心理健康教育教研员、校长和骨干教师进行业务培训和专业督导。各区教育行政部门要对专职心理健康教育教师每年应进行不低于30学时的专业伦理、知识和技能等培训，围绕中小学心理健康重点难点问题，通过开展课题研究，组织或参与高端学术会议，提升教师科研能力。积极搭建国内外研修访学平台，拓展心理健康教育教师的视野
2020年8月	上海市教育委员会	上海市教育委员会关于加强上海学校心理健康教育的意见[35]	健全“1+3+16+X”工作网络，发挥高校心理示范中心引领作用，增强16个区中小学心理健康教育中心和各学校心理咨询中心或辅导室的服务功能。 要求普通中小学各学段至少安排一个年级每两周开设1课时心理健康活动课，所有年级每学期至少开展1次以心理健康教育为主题的班团队会和1次有针对性的心理健康教育和生命教育专题活动，做到全覆盖、不断线。统筹全市学生心理援助资源，加大资源供给，满足学生咨询与求助需求。 用好危机识别与干预指导手册，提高学校心理危机防范能力。要求校专职心理健康教育教师按师生比不低于1:3 000配备，原则上每校至少2名，中小学每校至少配备1名专职心理健康教育教师

续上表

发布时间	发布机构	文件名称	主要内容
2021年6月	上海市人民政府办公厅	上海市人民政府办公厅关于印发《上海市青少年发展“十四五”规划》的通知（沪府办发〔2021〕8号）[36]	加强青少年心理健康服务体系建设，提升青少年心理健康水平。通过学校、家庭、社会三方合力，加强对青少年常见心理问题的早期发现和及时干预，引导青少年自尊自信、理性平和、积极向上。 完善心理健康教育工作体系，深化工作网络、课程与活动、咨询干预、专业化师资、协同育人机制等方面建设。加强未成年人心理健康问题预防，关注困境青少年、来沪青少年、职场青年等重点群体的心理健康状况，联合多方力量提供心理健康援助服务
2001年5月	湖南省教育厅	印发《关于加强我省中小学心理健康教育的意见》的通知（湘教基字〔2001〕10号）[37]	要求对全体学生开展心理健康教育，使学生不断增强正确认识自我、调控自我、承受挫折、适应环境的能力，培养学生健全的人格和良好的个性心理品质。 对少数有心理困扰或心理障碍的学生，给予科学、及时、有效的心理咨询和辅导，使他们尽快摆脱障碍，调节自我，提高心理健康水平，增强发展自我的能力
2021年2月	中共湖南省委教育工委、湖南省教育厅	关于印发《加强新时代高校学生心理健康教育工作的实施办法》的通知（湘教工委发〔2021〕2号）[38]	为进一步加强和提升湖南省高校学生心理健康教育工作的系统性、针对性和实效性，结合高校学生心理健康教育工作实际，要求坚持育心与育德相统一，优化教育教学、实践活动、辅导咨询、预防干预、平台保障“五位一体”心理健康教育工作格局，不断提高心理健康教育专业化水平，有效降低学生心理疾病发生率，最大限度预防和减少学生严重心理危机个案发生，促进学生心理健康素质与思想道德素质、科学文化素质协调发展
2016年2月	广东省教育厅	广东省教育厅关于中小学心理健康教育工作规范指引（粤教思〔2016〕2号）[39]	中小学心理健康教育是提高中小学生心理素质、促进其身心健康和谐发展的教育。规范心理健康教育内容，主要内容应包括：普及心理健康知识，树立心理健康意识，了解心理调节方法，认识心理异常现象，掌握心理保健常识和技能。 通过心理健康专题教育、班主任工作、学科教学、心理辅导、家庭教育、校外资源六大途径，面向全体学生普遍开展心理健康教育，帮助学生学会学习和生活，正确认识自我，提高自我教育能力，增强调控情绪、承受挫折和适应环境的能力，培养学生健全的人格和良好的个性心理品质

续上表

发布时间	发布机构	文件名称	主要内容
2016年2月	广东省教育厅	广东省教育厅关于中小学心理健康教育活动课内容指南(粤教思〔2016〕2号)[40]	小学阶段的教育目标是：帮助学生提高适应校园生活的能力；激发学习动机、培养学习兴趣，提高学习自觉性；逐步提高思维能力、分析能力；树立集体意识、良好的人际交往意识和塑造良好的行为习惯；培养开朗、合群、乐学、自立的健康人格；帮助学生了解自我，悦纳自己，学会恰当地、正确地体验和表达情绪，塑造乐观、向上、自信、诚实的心理品质。 初中阶段的教育目标是：帮助学生适应初中的学习生活环境，促进学生有效学习；帮助学生加强自我认识，客观地评价自己；帮助学生认识青春期的生理和心理特征，把握与异性交往的尺度，顺利度过青春期；帮助学生进行积极情绪的体验与表达，对自己的情绪进行有效管理，抑制冲动行为，提高自控能力，培养坚强的意志力；帮助学生学习人际交往技巧，积极与教师和父母进行沟通，提高人际交往的能力；帮助学生把握升学选择方向，培养职业规划意识，树立早期职业发展目标。 高中阶段的教育目标是：帮助学生确立正确的自我意识，树立人生理想和信念，培养积极的人格特质，提升人格魅力；帮助学生掌握学习策略，开发学习潜能，提高学习效率，积极应对考试；帮助学生认识自己的人际关系状况，培养人际沟通能力，知道友谊和爱情的界限，正确对待和异性同伴的交往，帮助学生建立良好的人际关系；帮助学生理解压力的意义，积极应对压力，进一步提高承受失败和挫折的能力，培养良好的意志品质；帮助学生了解自己的兴趣、能力、性格、特长和社会职业发展方向，进行升学就业的选择和准备，培养担当意识和社会责任感
2020年9月	广东省教育厅	中小学心理健康教育行动计划[41]	提出加强和改进中小学心理健康教育工作的措施，学校应建立完善学生心理危机预防、预警、干预工作体系。在全校教职工中普及学生心理危机识别和干预知识；要求学生规模1 000人以上的中学、1 200人以上的小学须配备专职心理教师；规范设置心理辅导室，按照标准和要求强化个别辅导室、团体辅导室、心理拓展训练等功能空间及相关设备设施配置

第三节 公益组织对乡村儿童的心理健康帮扶情况

整理近十年针对乡村儿童心理健康的公益项目发现，目前项目中活动的形式侧重点各有不同，有的专注于常态化关爱机制，有的致力于传播心理健康知识，也有的着重唤起社会关注。由于受众群体的不同，采取的活动形式也有很大差别。针对学校和教师，公益项目往往会帮助建立心理咨询室，并为老师提供培训服务；针对家长会进行家长学校/沙龙等知识普及活动；而针对学生则往往采用讲座、团体/个体辅导、一对一帮扶的活动形式。

一、引起社会关注

CCTV-12拍摄的心理访谈节目《关注留守儿童命运——“家”在何处》[42]，影片中展现了真实的留守儿童经历和社会工作者帮助其化解心理问题的案例，动人的故事和专业的服务通过节目传播给社会大众，带动社会各界共同关爱留守儿童群体。

首部《中国留守儿童心灵状况白皮书》于2015年推出[43]，该项目希望通过心理学学术调查研究白皮书、摄影展、纪录片等，将留守儿童真实状况展示给公众，并最终联结关注留守儿童问题的社会各界力量，共同推进相关政策的制定。第一部白皮书的发布引起了巨大反响，据统计，共有1 070家媒体参与报道，全国妇联、中国社会科学院等200多个机构索要报告原文及数据。“把最后一条留给留守儿童”微信公众号公益发声行动，覆盖网友9 000万，影响力过亿。

近年关于乡村儿童、留守儿童的政协提案也日益增多，充分说明了政策层面对于该群体的重视。例如全国政协委员翟美卿于2013年、2014年分别提交了《关于加强留守儿童家庭教育指导的提案》和《关于建立留守儿童保障机制的提案》[44]。2015年，她又在提案中提出，构建一套适合乡村及城市边缘地区留守儿童保护的新模式——留守儿童保护立体模式。2016年全国政协委员吴晓礼提出《关于加强乡村留守儿童关爱服务体系的提案》[45]，指出应发掘社会资源参与，建立专业人员和志愿者相结合的关爱服务队伍。2018年全国政协委员俞敏洪提交了《关于促进和保障乡村小规模学校发展的提案》[46]，提议专门制定促进和保障乡村小规模学校发展的政策，在经费支持、师资供给、校园建设等方面给予保障等。同一年，全国政协委员黄西勤于2018年提出了《关于加大乡村婴幼儿早期发展投入，提高儿童早期发展能力的提案》[47]，建议加大乡村婴幼儿早期发展工作投入，使婴幼儿的体格、认知、语言、心理、情感和社会适应性达到健康完美的状态。2020年和2021年翟美卿又分别提交了《关于推进农村儿童心理健康服务体系的建议》和《关于加强中小学心理健康教育建设的建议的提案》[48]。2021年，河南省政协委员赵明皞建议进一步规范乡村小学德育、体育、美育教学，保障乡村儿童全面发展[49]。

二、常态化关爱机制，开展形式多样的心理健康帮扶活动

在面向乡村儿童心理健康教育帮扶的公益实践中，有五种常见的儿童心理健康帮扶模式：心理课程、教师培育、心理咨询个案干预、互联网及公益热线、家庭教育。

（一）心理课程

心理课程是公益组织为开展乡村儿童心理健康教育项目的常用解决方案。例如，2016 年，北京歌路营慈善基金会推出“成长故事课——乡村儿童的体验式社会情感课”[50]，通过系列视频课程为乡村寄宿留守儿童提供心理与成长教育内容，学生通过班级的多媒体设备观看视频，在教师引导下开展团体游戏、小组讨论等成长活动，提升身心健康水平。

2017年，北京桥爱慈善基金会正式推出心桥计划全国心理援助公益项目。学校心理课堂由中国科学院心理研究所负责执行，研发的中小学心理健康教材《心灵放映室》在2020年出版，结合影像、绘画等艺术形式研发一套科学的专业的可操作的心理健康教育教材[51]。

（二）教师培育

据研究，乡村青少年抑郁症流行率达到了20%，而乡村教师往往缺少心理健康教育的知识，无法及时、有效地帮助乡村学生。为了改变这个局面，日慈公益基金会以改善青少年儿童成长的整体社会环境和让每个青少年儿童健康幸福生活为目的，推出了心灵魔法学院项目[52]。心灵魔法学院项目通过培训赋能乡村教师心理健康教育知识为青少年提供整体的心理健康教育内容。

首先教师需要在线上参加培训，学习完成之后会收到项目邮寄的纸质教材。同时项目针对不同年级的学生开发了不同侧重点的教材包，从预防视角出发，通过每学期的赋能、培训教师，在校园内为6～16岁青少年儿童提供9～12节基于社会情感学习理论和积极心理学研发设计的、符合其年龄特点的参与式系列课程。在教课期间，项目的工作人员会跟进并协助教师进行课程教授。据统计，截至2020年年底，该项目已累计为13万名儿童提供了心理健康教育课堂。

北京慈弘慈善基金会“乡村师生赋能计划”[53]，研发了面向乡村小学一至六年级的“幸福课程”，以其教学资源为“抓手”，针对教师在本课程教学中容易产生的问题开展三个等级的教师培训，同时赋予专家支持，对教师课后提交的教学札记进行点评，并由专家带领教师进行教研，培育授课教师成为培训助教或区域培训主讲，促进教师的专业成长。

公益组织在乡村学校开展心理健康活动，倾向于选择心理课程作为解决方案之一，附以相配套的师资培训。值得借鉴之处是以课程研发到教师培训为抓手触达乡村儿童心理教育，既能填满乡村学校开展心理健康教育课程的空白，又能帮助本地教师转变传统教育理念，提高对儿童心理健康的认识及心理健康课程的授课能力。

（三）心理咨询个案干预

2016年，安徽省关爱留守儿童心理健康公益服务项目[54]面向全省中小学生，有针对性地开展了心理辅导、团体辅导等个体和团体活动，在学校设立心理咨询室，并为学生进行心理测评，建立个人的心理健康档案，为家长开放家长学校等辅导活动，在社会上展开线上线下的心理咨询服务，开通心理咨询热线。在学校、教师、家长和学生中建立联系，组建社会、家庭和学校“三位一体”的心理健康志愿者团队，帮助留守儿童系统性地减少心理压力，提高幸福指数。

香江社会救助基金会香江心灵成长计划面向项目校中有抑郁、自残及自杀意念等情况的学生，链接城市心理咨询师为乡村儿童开展线上+线下个案辅导工作，对每位学生每学期开展8次心理咨询[55]。

乡村儿童的心理问题不仅需要学校教师和家长的配合，可持续深入推进的公益项目也不可或缺。中华少年儿童慈善救助基金会红伞计划志愿服务项目[56]将帮扶儿童划分为三个计划，依次实施以求达到发现、解决和预防心理问题的作用。

A计划为心理辅导援助计划。110名志愿者在经过培训后前往目标学校为乡村儿童开展团体心理辅导，与此同时，观察并发现需要个别心理辅导的儿童，将其记录汇总以备B计划的实施。B计划为心理咨询和行为矫正。B计划的参与者为择优选出的20名志愿者和从A计划中挑出的需要进一步接受辅导的乡村儿童，而后组成小组。理想状况下，志愿者会在暑假与这些乡村儿童共同生活一段时间，努力建立友谊并成为他们所信任的倾诉者，从而更好地发现导致他们心理问题的真实原因。之后尝试帮助他们解决心理问题，在严重的情况下将他们送往专业的心理咨询室进行深入治疗。C计划则是A、B计划的后续辅助计划——帮助实施项目的学校建立心理咨询室并提供教师培训。该计划从发现问题、解决问题到最后预防问题的意识和行动连贯，值得借鉴。“规模化”和“小而美”是当前全国公益领域的热词，社会组织的存在意义在于解决社会问题，目前没有一个确切的指标去衡量公益项目规模大小与项目效果是否有直接关系，但带着聚焦性、全局观的视角切实帮助解决社会问题，是每一个公益组织的共同目标。

（四）互联网及公益热线

随着时代的进步和发展，互联网及公益热线也触达了儿童心理帮扶领域。例如，“12355”青少年服务台，是共青团中央权益部设立的专门面向青少年提供服务的热线电话，该热线的开通旨在为青少年提供心理咨询服务和法律咨询援助[57]。

2020年年初新冠肺炎疫情以来，公益项目举办现场活动变得异常困难。2020年1月，清华大学社会科学学院心理学系联合北京幸福公益基金会面向全社会开通了紧急心理援助热线，2021年再增设一条青少年心理专线（4000－100－525再拨2）来帮助中国青少年成功应对青春期的心理困扰[58]。

为了应对严峻的形势，许多公益组织与基金会开展了线上进行的项目，如“香江心灵云陪伴计划”。在新冠肺炎疫情期间，香江社会救助基金会高度重视防疫，启动了“心灵云陪伴”项目，发动网友通过微博宣传活动，号召大众为乡村留守儿童认捐心灵盒子（心理教程教具包），之后结合自身优势，整合资源，组建志愿者团队为乡村留守儿童线上教授心理健康课程[59]。在志愿者团队招募环节，志愿者经过严格筛选，均为接受项目培训和督导之后的心理咨询师、一线心理教师、心理学/社会工作专业的大学生等专业人士，以确保项目执行的专业性与标准化。目前，香江心灵云陪伴计划总服务儿童人数达135人，共招募了76名志愿者进行了共784个课时的一对一在线服务，服务对象覆盖18个地区。家长对心理课程及心理志愿者的满意度达100%，续课率高达80.94%。超过91.67%的学生认为课程对自己有所启发，92.86%的家长认为课程实用性较高，大部分家长表示孩子在心理陪伴式课程后表现得更为耐心和平和，在情绪管理中进步较大。

（五）家庭教育

家长应重视孩子心理健康，从小培养孩子的健康人格。中国家庭教育学会在2014年以来实施“心系妇儿——家庭教育空中课堂”和“伴随成长”互联网+家庭教育指导公益服务项目，惠及1 250多万户家庭。[60]2017年青春期女童家庭教育志愿者联盟实施的青春期女童家庭教育项目共覆盖全国24个省区市，开办了线上线下相结合的“家长课堂”1 360期[61]。

北京红枫妇女心理咨询服务中心于2008年发起的“农民工每天家教3个10分钟”项目通过开展家长主题讲座、入户辅导和家长互动活动，希望解决家长在儿童教育、心理及成长等方面遇到的困惑，帮助流动人口家长提高家教观念和家教能力，改善亲子关系[62]。

乡村儿童的心理健康问题需要系统性的全面帮扶，学校、教师、家长、社会大众和儿童本身都是其中至关重要的一环。目前公益组织发展迅速，各项目的活动内容也因为受众群体的不同而做出了针对性的调整。但由于人力物力的成本过高，大多数公益项目只在小范围实施，导致影响力不足，后续无法再次开展。随着网络的发展和疫情的防控，线上项目逐渐占据了公益项目中的一席之地，通过将活动重心转移到线上，项目实施的成本大幅下降，目标受众遍布全国各地而不只限于一个地区。并且由于项目执行阶段在线上进行，项目内容的进展传播变得更加容易，在引起社会关注之后，优秀的公益项目更容易得到捐赠，项目可以持久化运营，造福更多的留守儿童。除了线上项目的发展，项目的形式也非常重要。单纯地辅导的课程形式虽然有效，但丰富多彩的活动项目不仅能让留守/流动儿童更感兴趣地参加，并且能更好地传播信息，让大众了解和关爱留守/流动儿童这个团体。除了形式和内容的更新，项目持续性也值得重视，应针对乡村儿童心理健康状况特点及需求，有针对性地开展服务工作，建立乡村儿童心理健康帮扶体系，提供可持续的帮扶项目，将有利于长远解决乡村儿童的心理健康问题，促进该群体的身心健康成长。

第二章　乡村儿童篇

第一节　调查对象与方法

一、研究对象

来自安徽、甘肃、广东、黑龙江、湖北、湖南、四川7个省的16所小学协助了本次心理健康状况调查，共收集乡村儿童样本3 025份，保留有效问卷2 498份，样本有效率为82.6%。样本的人口学变量特征为：小学男生1 172人，占46.9%；小学女生1 277人，占51.1%；有49人未报告性别，占2.0%。调查对象的年龄范围在5 ~ 15岁，平均年龄为（10.7 ± 1.6）岁，年龄的中位数为10.9岁，众数为12.5岁。其中小学男生平均年龄为（10.7 ± 1.6）岁，小学女生平均年龄为（10.7 ± 1.6）岁。调查对象基本情况见表2–1。

表2–1　乡村儿童基本情况

分布特征	人数/人	百分比/%	分布特征	人数/人	百分比/%
性别			父亲文化程度		
男	1 172	46.9	小学及以下	326	13.1
女	1 277	51.1	初中	571	22.9
未报告	49	2.0	高中/职高	312	12.5
年级			中专/大专	132	5.3
一年级	303	12.1	大学及以上	181	7.2

续上表

分布特征	人数/人	百分比/%	分布特征	人数/人	百分比/%
二年级	362	14.5	不知道	884	35.4
三年级	390	15.6	未报告	92	3.7
四年级	578	23.1	母亲文化程度		
五年级	413	16.5	小学及以下	303	12.1
六年级	445	17.8	初中	582	23.3
未报告	7	0.3	高中/职高	248	9.9
年龄			中专/大专	184	7.4
5～7岁	119	4.7	大学及以上	218	8.7
8岁	104	4.2	不知道	872	34.9
9岁	234	9.4	未报告	91	3.6
10岁	351	14.1	父母关系		
11岁	407	16.3	非常和睦	1 109	44.4
12岁	311	12.4	比较和睦	458	18.3
13～15岁	55	2.2	一般	539	21.6
未报告	917	36.7	不太和睦	157	6.3
是否独生子女			很不和睦	146	5.8
是	278	11.1	未报告	89	3.6
否	2 117	84.7	家庭结构		
未报告	103	4.1	不和生父一起生活	1 147	47.3
			不和生母一起生活	953	39.3
			和生父母都不一起生活	779	31.2

注：①“是否和生父一起生活”作答人数为2 425人；②“是否和生母一起生活”作答人数为2 423人。

二、调查工具

（一）儿童抑郁量表

根据国家卫生健康委的定义，抑郁症是一种常见疾病，指情绪低落、兴趣丧失、精力缺乏持续2周以上，有显著情感、认知和自主神经功能改变并在发作间歇期症状缓解。[63] 青少年抑郁症患者常伴有认知功能损伤，如果不及时治疗，疾病就可能恶化并出现适应不良和学习困难等症状，甚至可能导致药物滥用和自杀。

儿童抑郁量表（Child Depression Inventory，CDI）是目前在国外最常用于评定6～17岁儿童青少年近2周抑郁症状的测评工具，具有良好的信度和效度。[64] 国内多位学者对儿童抑郁量表进行了内容修订和适应性核查，目前在我国儿童青少年群体中有良好的信效度。量表一共27题，其中14题为正向计分，13题为负向计分，包含5个分量表：负面情绪、人际问题、效能低下、快感缺乏和负性自尊。每题都由描述不同频度的三句话组成，如“我偶尔感到不高兴”“我经常感到不高兴”“我总是感到不高兴”，分别按0～2记分。总分范围为0～54分，得分越高表明抑郁水平越高。以20分为抑郁风险的划分段，0～19分代表无抑郁风险，20～54分代表有抑郁风险。在本次调查中，乡村小学一至六年级学生采用该测评工具，量表的Cronbach's α系数为0.77。

（二）广泛性焦虑障碍量表

焦虑是每个人都会体验到的心理状态，适度的焦虑能够提高工作效率，更有效地解决问题，但是，过度的焦虑会让人感到痛苦，并影响学习、工作与健康。

广泛性焦虑障碍量表（Generalized Anxiety Disorder 7，GAD-7）在国际和国内广泛用于测量个体的焦虑倾向，在各类人群中均显示有良好的信度和效度。[65] 量表的测量内容包括了焦虑的主要症状，如躯体紧张、情绪消极等，共7题，全部为正向计分，量表要求个体根据最近2周的情况作答每项行为的发生天数，分别按1～4记分，其中1代表“完全没有”，2代表“有几天”，3代表“超过半数时间”，4代表“几乎每天”。总分范围为0～21分，得分越高代表焦虑水平越高。以10分为焦虑风险的划分段，0～9分代表轻度及以下焦虑风险，10～21分代表有中度及以上焦虑风险。在本次调查中，乡村小学三至六年级学生采用该测评工具，量表的Cronbach's α系数为0.80。

（三）儿童问题行为量表

问题行为是儿童、青少年在成长和发展中出现的阻碍学习、品德、性格等健康发展的不正常行为，以及给家庭、社会和学校教育带来麻烦的行为。问题行为是儿童、青少年阶段较为突出的问题。

本研究使用的问题行为量表根据阿亨巴赫（Achenbach）等于2001年修订的问题行为自评量表中的违纪行为分量表[66]（如“旷课或逃学”“吸烟”等）选编，共20题，其中17题为正向计分，3题为负向计分。儿童根据自己最近半年的情况回答每项行为发生的频率，从“不符合”“有些符合或有时如此”“非常符合或常常如此”三个选项中选择最符合的一个，分别按0～2记分。总分范围为0～40分，得分越高代表问题行为越严重。在本次调查中，乡村小学三至六年级学生采用该测评工具，量表的Cronbach's α系数为0.78。

（四）父亲教养投入问卷

该量表改编自伍新春等于2015年编制的父亲教养投入自评问卷[67]，共采用其中22个题项，全部为正向计分，分别从直接参与照顾孩子、与孩子的亲近、关心孩子的幸福健康和承担有关孩子教养的责任等角度描述了父亲在孩子教养上的投入行为。改编后由孩子填写，评估父亲的教养投入。问卷采用5点评分，0表示“从不”，4表示“总是”，总分范围为0～88分，得分越高表示教养投入越多。在本次调查中，乡村小学一至六年级学生采用该测评工具，量表的Cronbach's α系数为0.94。

（五）同伴关系问卷（简版）

该问卷由德瓦尔特（DeWalt）等人编制，常用于8～17岁儿童、青少年自评同伴关系的状态与质量，在国内外广泛应用，具有良好的信效度。[68]量表一共8题，分别按0～4记分，全部为正向计分，要求个体根据过去一学期的情况作答每道题项的发生频率，其中0代表“从不”，1代表“偶尔”，2代表“有时”，3代表“经常”，4代表“总是”。总分范围为0～32分，得分越高表示同伴关系越好。在本次调查中，乡村小学五、六年级学生采用该测评工具，量表的Cronbach's α系数为0.85。

（六）儿童自尊量表

自尊是个体人格的核心因素之一。[69]有学者把自尊比喻为自我之“盾”，认为自尊是一种保护性结构，具有一定的防御与保护功能。

罗森伯格（Rosenberg）的儿童自尊量表适用于针对儿童群体的自尊水平测评，具有良好的信效度，在国内的研究中应用广泛。[70]量表一共10题，其中5题为正向记分，5题为反向记分。量表要求个体根据过去半年的情况作答每道题项的符合程度，分别按1～4记分，其中1代表“非常不同意”，2代表“比较不同意”，3代表“比较同意”，4代表“非常同意”。总分范围为10～40分，得分越高代表自尊水平越高。在本次调查中，乡村小学五、六年级学生采用该测评工具，量表的Cronbach's α系数为0.68。

（七）坚毅力量表

坚毅力（grit）这一概念最早是由美国心理学家达克沃思（Duckworth）提出的，指的是人们对长远目标的热爱与坚持。已有的研究表明坚毅力可以有效预测学业成绩和工作成就[71]。坚毅力是指一种对长期目标的坚持和激情的个体特质，它对迎接挑战取得成功起着至关重要的作用。对于预测未来的成就，坚毅力甚至是比智商（天赋）更重要的衡量依据。其中的子维度——兴趣稳定性，指的是一个人的兴趣持久的一致性；坚持不懈的努力，是指面对挑战，尽管遭遇失败与逆境，没有积极的反馈，仍然坚韧不拔，像跑马拉松一样接近成就；坚定是指个体的立场、主张、意志、情感等稳定坚强，且不动摇。

坚毅力量表（Grit Scale）由达克沃斯等人于2007年研发，广泛用于测评儿童群体坚毅力品质，具有良好的信度和效度。[72]问卷一共12题，其中6题为正向记分，6题为反向记分，要求儿童根据过去半年的状况作答，从“非常不符合”“比较不符合”“有点符合”“比较符合”“非常符合”五个选项中选出一项，按1～5记分。总分范围为12～48分，得分越高代表坚毅力越强。在本次调查中，乡村小学三到六年级学生采用该测评工具。

（八）背景信息问卷

自编背景信息题，收集儿童的年龄、学校、家庭居住情况、家庭子女情况、父母受教育程度等人口学信息，以及询问儿童家庭关系和对未来生活的想法，以选择题为主，其中“你的学号”“你希望未来从事的职业”“你期望未来的月收入”三题为填空题。

三、乡村儿童家庭环境情况

（一）乡村儿童家中小孩个数

调查结果显示，近2/3的乡村儿童家庭有2～3个孩子。本题作答的2 395人中，家中有1个小孩的乡村儿童家庭占11.6%，家中有2个小孩的乡村儿童家庭占43.9%，家中有3个小孩的乡村儿童家庭占21.8%，家中有4个小孩的乡村儿童家庭占10.4%，家中有5个及以上小孩的乡村儿童家庭占12.3%（见图2–1）。

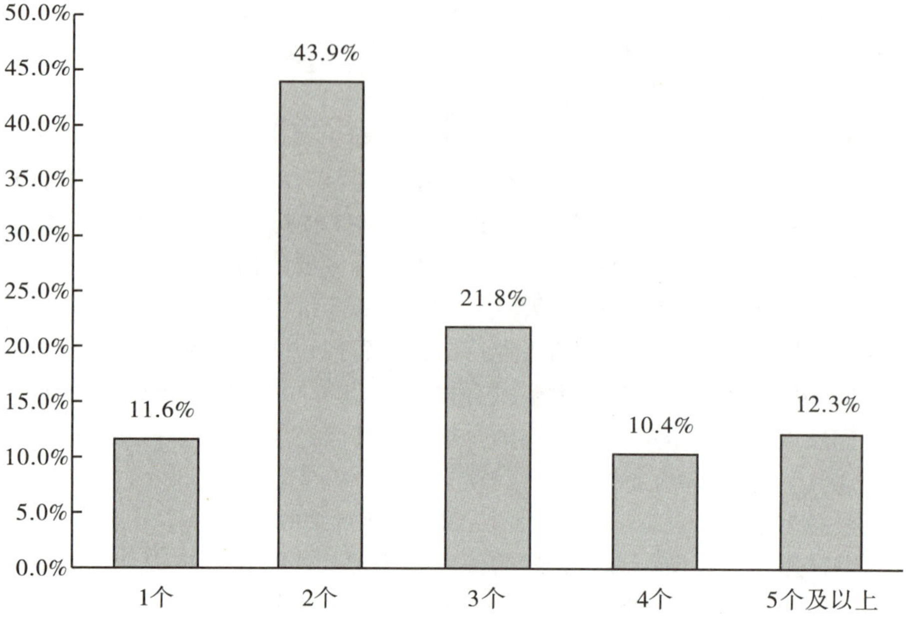

图2-1　乡村儿童家庭中小孩个数百分比

（二）乡村儿童家中排行

调查结果显示，本题作答的2 395人中，在家中排行第一的乡村儿童占32.1%，在家中排行第二的乡村儿童占37.1%，在家中排行第三的乡村儿童占11.3%，在家中排行第四的乡村儿童占4.4%，在家中排行第五及以上的乡村儿童占3.5%（见图2-2）。将近70%的乡村儿童在家中排行第一或第二。

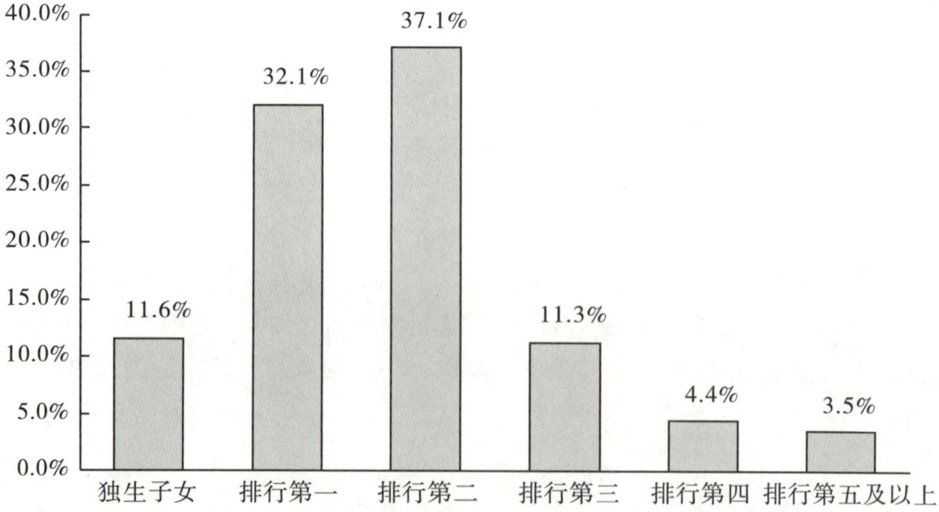

图2-2　乡村儿童在家中排行的人数百分比

（三）平时一起生活的亲属

平时不和生父一起生活的乡村儿童占47.3%，平时和生父一起生活的乡村儿童占52.7%（见图2–3）。

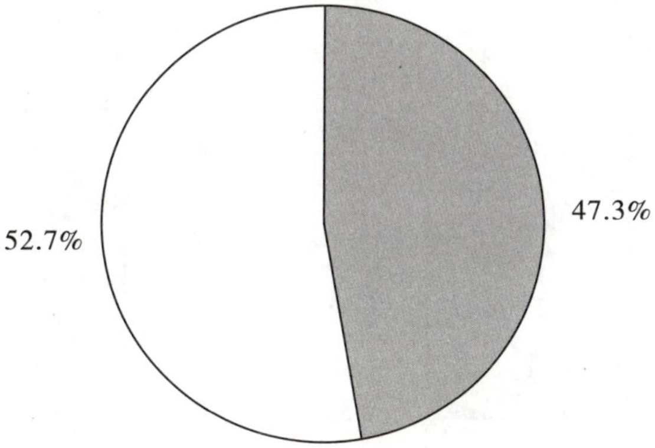

□平时和生父一起生活　■平时不和生父一起生活

图2–3　乡村儿童平时和生父一起生活的人数百分比

调查结果显示，小学男生中，平时和生父一起生活的乡村儿童占50.9%，小学女生中，平时和生父一起生活的乡村儿童占54.7%。卡方检验发现，平时和生父一起生活的小学女生的比例稍高于小学男生，但是，差异没有达到显著水平。

平时不和生母一起生活的乡村儿童占39.3%，平时和生母一起生活的乡村儿童占60.7%（见图2–4）。

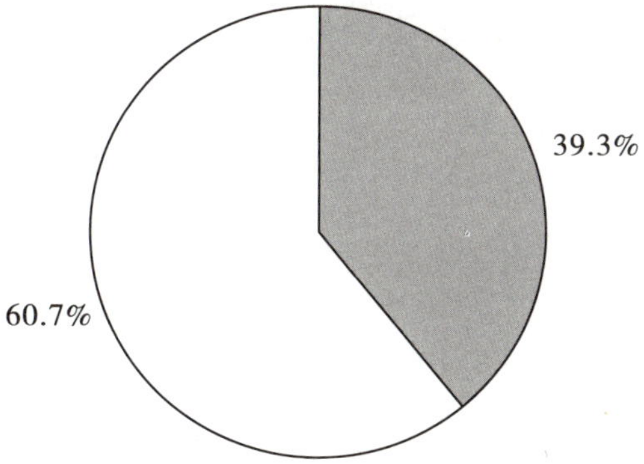

□平时和生母一起生活　■平时不和生母一起生活

图2–4　乡村儿童平时和生母一起生活的人数百分比

调查结果表明，小学男生中，平时和生母一起生活的乡村儿童占58.3%，平时不和生母一起生活的乡村儿童占41.7%；小学女生中，平时和生母一起生活的乡村儿童占63.0%，平时不和生母一起生活的乡村儿童占37.0%。卡方检验显示，小学女生和生母一起生活的人数百分比显著高于小学男生，性别差异显著（见图2-5）。

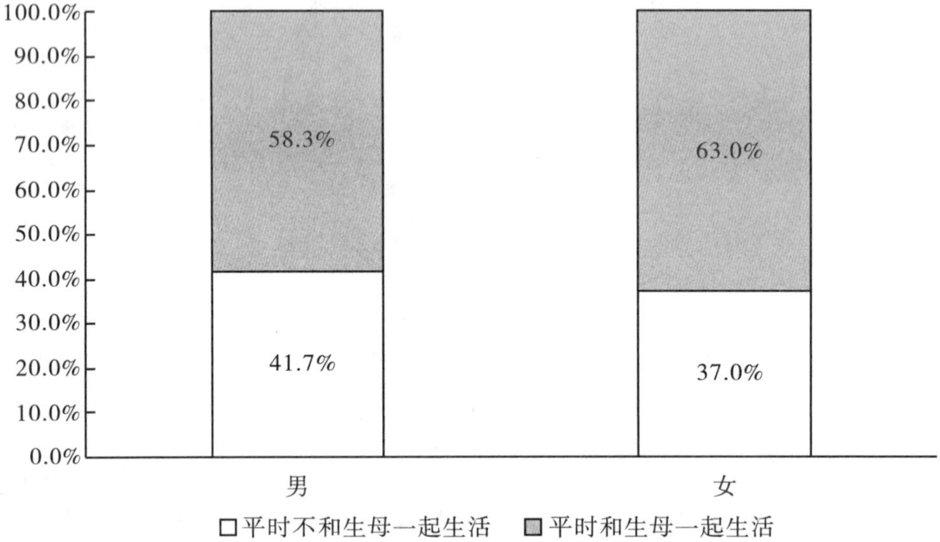

图2-5　乡村儿童平时和生母一起生活人数百分比的性别差异

平时和继父一起生活的乡村儿童占5.6%（见图2-6）。

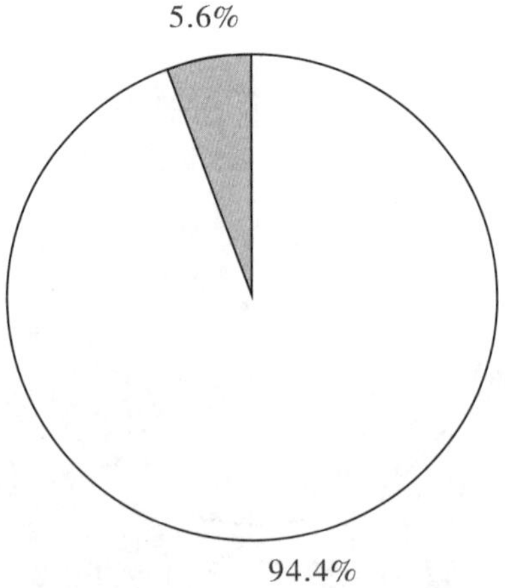

图2-6　乡村儿童平时和继父一起生活的人数百分比

小学男生中，平时和继父一起生活的乡村儿童占5.8%；小学女生中，平时和继父一起生活的乡村儿童占5.3%。卡方检验显示，小学男生平时和继父一起生活的人数百分比稍高于小学女生，但是，差异没有达到显著水平。

平时和继母一起生活的乡村儿童占5.4%（见图2-7）。

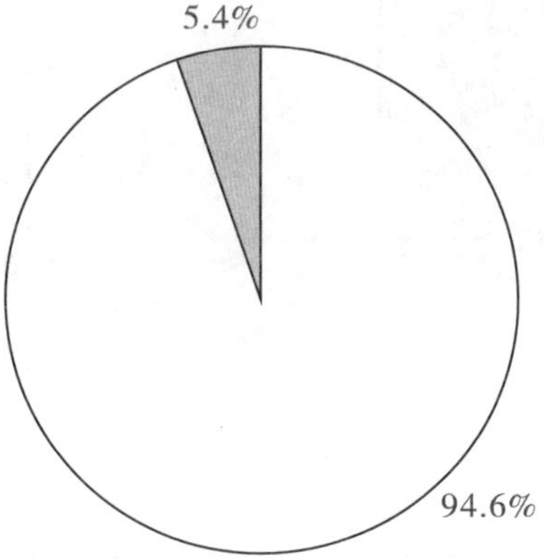

图2-7　乡村儿童平时和继母一起生活的人数百分比

小学男生中，平时和继母一起生活的乡村儿童占5.1%；小学女生中，平时和继母一起生活的乡村儿童占5.4%。卡方检验显示，小学女生和继母一起生活的人数百分比稍高于小学男生，但是，差异没有达到显著水平。

平时和兄弟/姐妹一起生活的乡村儿童占52.3%（见图2-8）。

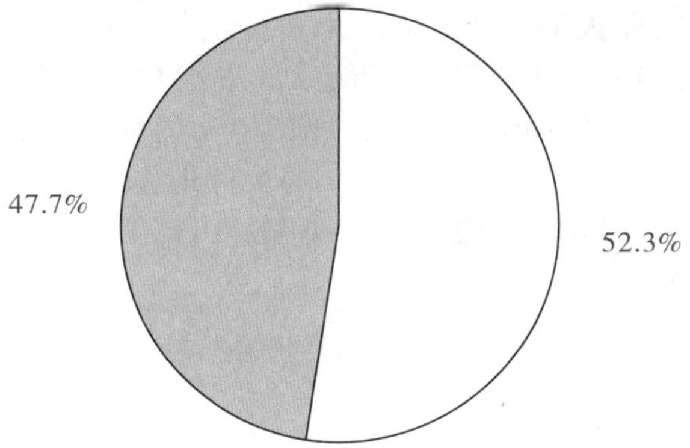

图2-8　乡村儿童平时和兄弟/姐妹一起生活的人数百分比

小学男生中，平时和兄弟/姐妹一起生活的乡村儿童占48.9%，平时不和兄弟/姐妹一起生活的乡村儿童占51.1%；小学女生中，平时和兄弟/姐妹一起生活的乡村儿童占55.5%，平时不和兄弟/姐妹一起生活的乡村儿童占44.5%。卡方检验发现，小学女生和兄弟/姐妹一起生活的人数百分比显著高于小学男生（χ^2=10.52，$p<0.01$），性别差异显著（见图2-9）。

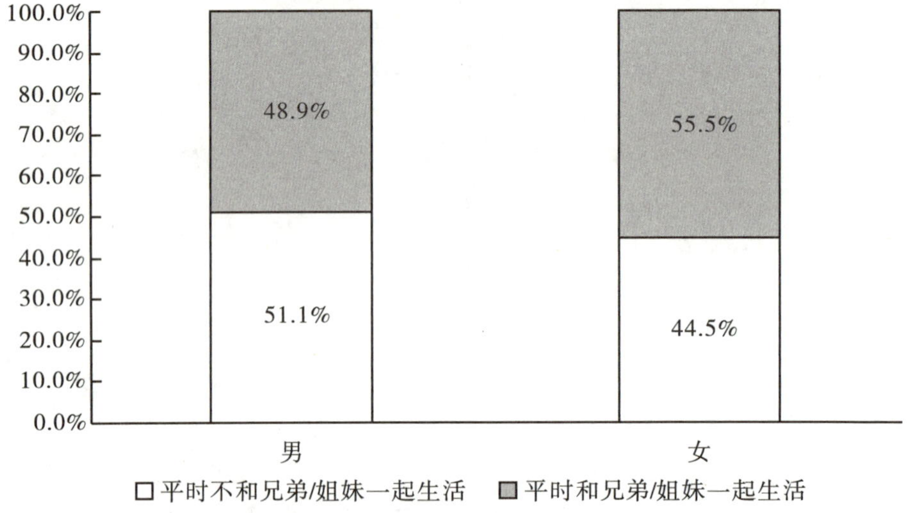

图2-9　乡村儿童平时和兄弟/姐妹一起生活人数百分比的性别差异

四、乡村儿童对未来生活的期待

（一）乡村儿童希望未来获得的学历

本题共2 431名乡村儿童作答，结果显示：希望未来获得的学历是高中毕业的乡村儿童150人（6.2%）；希望未来获得的学历是中专毕业的乡村儿童65人（2.7%）；希望未来获得的学历是大学毕业（本科）的乡村儿童861人（35.4%）；希望未来获得的学历是硕士（研究生）的乡村儿童154人（6.3%）；希望未来获得的学历是博士（研究生）的乡村儿童555人（22.8%）；回答“不知道”的乡村儿童646人（26.6%）（见图2-10）。

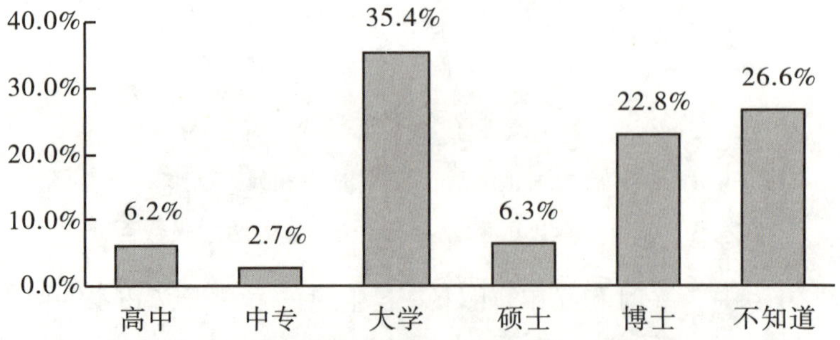

图2-10　乡村儿童希望未来获得的学历人数百分比

小学男生中，希望未来获得的学历是中专毕业的乡村儿童占3.0%，希望未来获得的学历是高中毕业的乡村儿童占6.7%，希望未来获得的学历是大学毕业（本科）的乡村儿童占31.2%，希望未来获得的学历是硕士（研究生）的乡村儿童占6.3%，希望未来获得的学历是博士（研究生）的乡村儿童占27.0%，回答“不知道”的乡村儿童占25.8%。小学女生中，希望未来获得的学历是中专毕业的乡村儿童占2.3%，希望未来获得的学历是高中毕业的乡村儿童占5.5%，希望未来获得的学历是大学毕业（本科）的乡村儿童占39.3%，希望未来获得的学历是硕士（研究生）的乡村儿童占6.3%，希望未来获得的学历是博士（研究生）的乡村儿童占19.5%，回答“不知道”的乡村儿童占27.1%。

卡方检验分析得出，乡村儿童希望未来获得学历性别差异显著（$\chi^2=28.24$，$p<0.001$）。希望获得大学（本科）学历的小学女生人数百分比显著高于小学男生，希望获得博士（研究生）学历的小学男生人数百分比显著高于小学女生（见图2–11）。

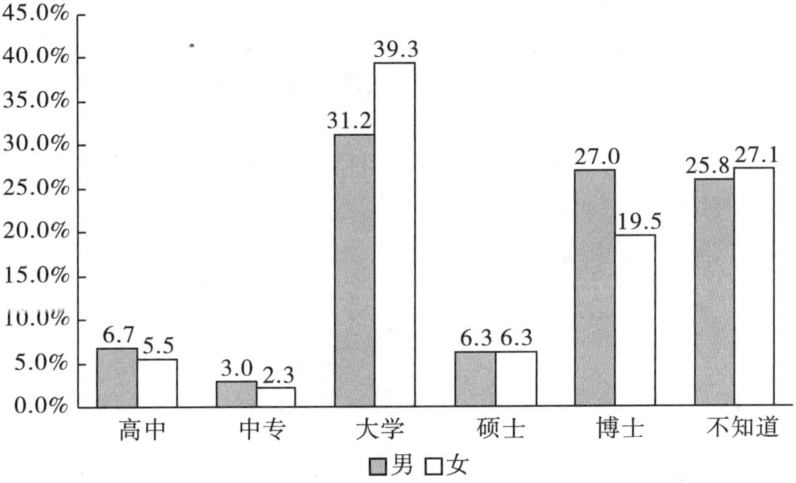

图2–11　乡村儿童希望未来获得的学历人数百分比的性别差异

卡方检验分析得出，乡村儿童希望未来获得的学历在是否留守上差异显著（$\chi^2=22.35$，$p<0.001$）。留守儿童中，希望未来获得高中学历的人数百分比（7.4%）高于非留守儿童（5.7%）。非留守儿童中，希望未来获得中专到博士（研究生）学历的人数百分比显著高于留守儿童（见图2–12）。乡村非留守儿童中，对于未来获得学历有想法的人数百分比更高，对未来获得的学历期待更高的人数百分比显著更高。该结果显示相比于非留守儿童，留守儿童对于未来发展的信心较为缺乏。

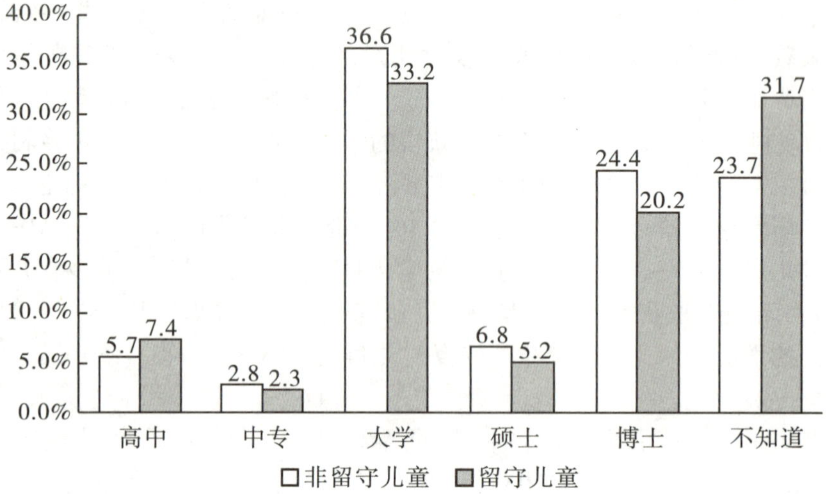

图2–12　乡村儿童希望未来获得的学历人数百分比在是否留守上的差异

（二）乡村儿童希望未来工作的地方

本调查中，共有2道题询问乡村儿童希望未来工作的地方。第1题的答题选项为：①本地，②本省，③其他省/自治区/直辖市，④不知道；第2题的答题选项为：①农村，②小城镇，③中小城市，④大城市，⑤不知道。

第1题调查结果显示：希望在本地工作的乡村儿童占13.2%，希望在本省工作的乡村儿童占15.4%，希望在其他省/自治区/直辖市工作的乡村儿童占37.7%，回答“不知道”的乡村儿童占33.7%（见图2–13）。

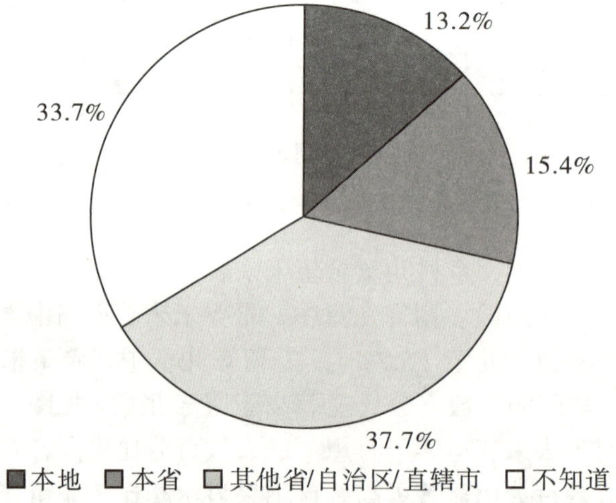

图2–13　乡村儿童希望未来工作的地方人数百分比（第1题）

小学男生中，希望在本地工作的乡村儿童占13.5%，希望在本省工作的乡村儿童占14.6%，希望在其他省/自治区/直辖市工作的乡村儿童占40.8%，回答“不知道”的乡村儿童占31.1%。小学女生中，希望在本地工作的乡村儿童占12.6%，希望在本省工作的乡村儿童占16.2%，希望在其他省/自治区/直辖市工作的乡村儿童占35.3%，回答“不知道”的乡村儿童占35.9%（见图2–14）。卡方检验分析得出，乡村儿童希望未来工作的地方（第1题）性别差异显著（χ^2=13.71，$p<0.01$）。小学男生对于未来工作的地方有想法的人数百分比更高，希望到其他省/自治区/直辖市工作的人数百分比显著更高。

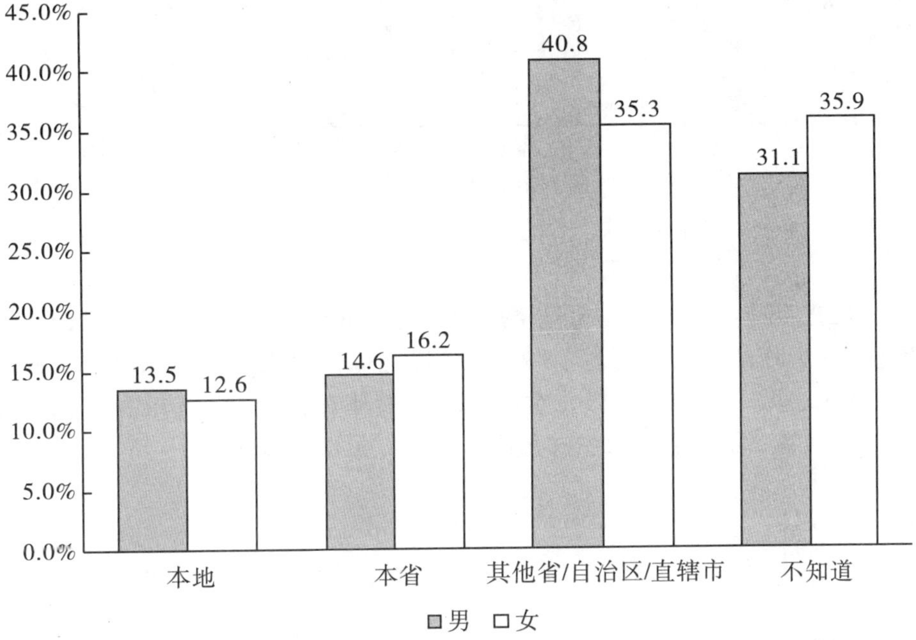

图2–14　乡村儿童希望未来工作的地方人数百分比的性别差异（第1题）

卡方检验分析得出，乡村儿童希望未来工作的地方（第1题）在其是否为留守儿童上差异显著（χ^2=20.73，$p<0.001$）。希望在其他省/自治区/直辖市工作的非留守儿童的人数百分比（40.8%）显著高于留守儿童（31.9%）。希望在本地工作的留守儿童的人数百分比（15.0%）显著高于非留守儿童（12.2%）（见图2–15）。乡村非留守儿童对于未来工作的地方有想法的人数百分比更高，希望未来远离家乡外出工作的人数百分比显著更高。

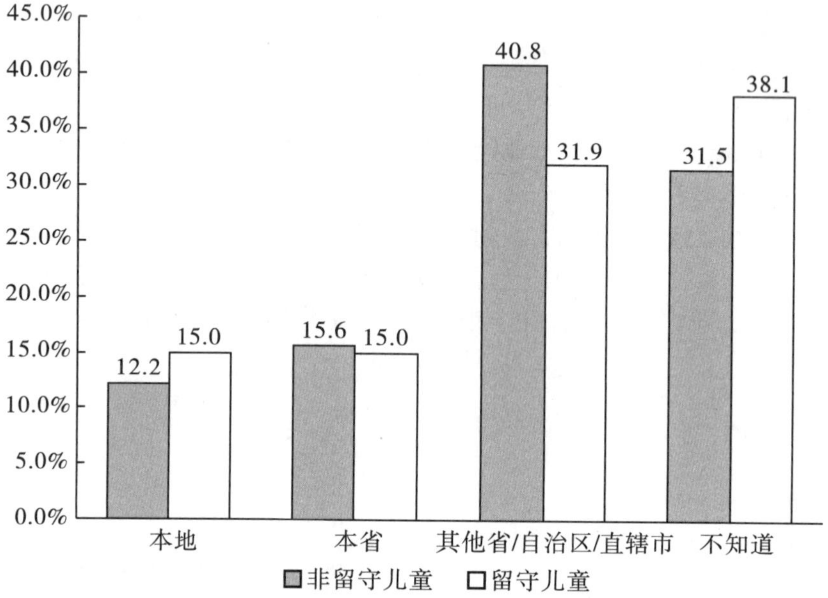

图2-15　乡村儿童希望未来工作的地方人数百分比在是否留守上的差异（第1题）

第2题调查结果显示：超过60%的乡村儿童希望未来在大城市工作。希望在农村工作的乡村儿童占3.1%，希望在小城镇工作的乡村儿童占3.8%，希望在中小城市工作的乡村儿童占9.2%，希望在大城市工作的乡村儿童占62.8%，回答“不知道”的乡村儿童占21.1%（见图2-16）。

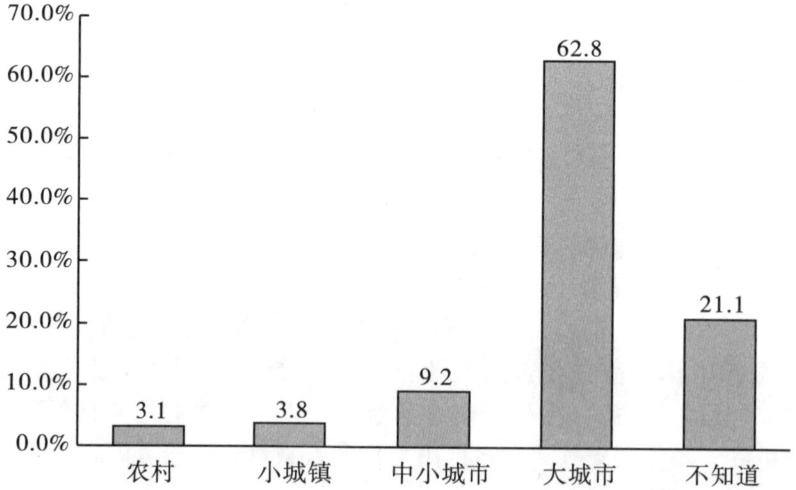

图2-16　乡村儿童希望未来工作的地方人数百分比（第2题）

小学男生中，希望在农村工作的乡村儿童占3.9%，希望在小城镇工作的乡村儿童占4.1%，希望在中小城市工作的乡村儿童占9.6%，希望在大城市工作的乡村儿童占63.8%，回答“不知道”的乡村儿童占18.6%。小学女生中，希望在农村工作的乡村儿童占2.4%，希望在小城镇工作的乡村儿童占3.4%，希望在中小城市工作的乡村儿童占8.4%，希望在大城市工作的乡村儿童占62.4%，回答“不知道”的乡村儿童占23.4%。卡方检验分析得出，乡村儿童希望未来工作的地方（第2题）性别差异显著（$\chi^2=11.91$，$p<0.05$），小学男生对于未来工作的地方有想法的人数百分比显著高于小学女生（见图2–17）。

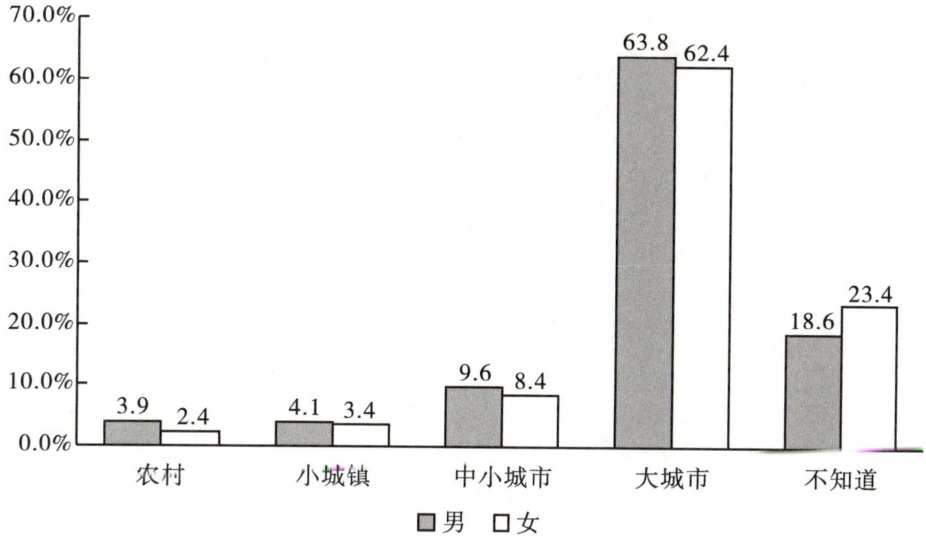

图2–17 乡村儿童希望未来工作的地方人数百分比性别差异（第2题）

（三）乡村儿童希望未来从事的职业

本题共1 896人作答（男生851人，女生1 015人，未报告性别30人），调查结果显示乡村儿童希望未来从事的职业超过150余种。排在前三位的分别为教师、医生、老板/从商。其中，希望未来从事教师职业的乡村儿童419人（22.1%）。排名前20的乡村儿童希望未来从事的职业作答情况见表2–2。

表2-2　乡村儿童希望未来从事的职业作答情况

序号	职业	人数/人	百分比/%
1	教师	419	22.1
2	医生	253	13.3
3	老板/从商	202	10.7
4	科学家/博士	102	5.4
5	军人	92	4.9
6	普通职员	86	4.5
7	董事长/总经理	59	3.1
8	警察	54	2.8
9	演员	39	2.1
10	厨师/美食相关	37	2.0
11	歌手	33	1.7
12	经理	30	1.6
13	画家	27	1.4
14	律师	22	1.2
15	设计师	20	1.1
16	电竞选手	20	1.1
17	护士	18	1.0
18	工人	18	1.0
19	飞行员	17	0.9
20	消防员	16	0.8

小学男生中，排在前三位的分别为老板/从商、科学家/博士、军人。其中，希望未来做老板/从商的小学男生有103人（12.1%）。排名前20的小学男生希望未来从事的职业作答情况见表2–3。

表2–3 小学男生希望未来从事的职业作答情况

序号	职业	人数/人	百分比/%
1	老板/从商	103	12.1
2	科学家/博士	83	9.8
3	军人	79	9.3
4	医生	69	8.1
5	教师	68	8.0
6	普通职员	60	7.1
7	董事长/总经理	44	5.2
8	警察	39	4.6
9	电竞选手	24	2.8
10	厨师	22	2.6
11	经理	16	1.9
12	飞行员	15	1.8
13	主播	15	1.8
14	发明家	14	1.6
15	消防员	13	1.5
16	工人	13	1.5
17	司机	8	0.9
18	宇航员	7	0.8
19	运动员	7	0.8
20	建筑师	6	0.7

小学女生中，排在前三位的分别为教师、医生、老板/从商。其中，希望未来从事教师职业的小学女生有337人（33.2%）。排名前20的小学女生希望未来从事的职业作答情况见表2-4。

表2-4　小学女生希望未来从事的职业作答情况

序号	职业	人数/人	百分比/%
1	教师	337	33.2
2	医生	184	18.1
3	老板/从商	96	9.5
4	歌手	30	3.0
5	普通职员	25	2.5
6	画家	25	2.5
7	科学家/博士	19	1.9
8	护士	18	1.8
9	演员	17	1.7
10	律师	17	1.7
11	设计师	16	1.6
12	厨师	15	1.5
13	董事长/总经理	15	1.5
14	军人	13	1.3
15	经理	13	1.3
16	甜点师	13	1.3
17	警察	12	1.2
18	运动员	7	0.7
19	记者	5	0.5
20	工人	4	0.4

（四）乡村儿童期待未来的月收入

本题共2 278人作答（男生1 062人，女生1 180人，未报告性别36人），根据本次调查结果，乡村儿童期待未来的月收入的前10名见表2-5。其中期待未来月收入为10 000元的乡村儿童最多，有401人（17.6%）。

表2-5　乡村儿童期待未来的月收入的作答情况

序号	期待未来的月收入/元	人数/人	百分比/%
1	10 000	401	17.6
2	1 000	179	7.9
3	5 000	162	7.1
4	20 000	114	5.0
5	100	94	4.1
6	8 000	85	3.7
7	3 000	76	3.3
8	2 000	72	3.2
9	6 000	70	3.1
10	30 000	67	2.9

小学男生期待未来的月收入的前10名见表2-6。其中期待未来月收入为10 000元的小学男生最多，有187人（17.6%）。

表2-6　小学男生期待未来的月收入作答情况

序号	期待未来的月收入/元	人数/人	百分比/%
1	10 000	187	17.6
2	5 000	67	6.3
3	1 000	66	6.2
4	20 000	51	4.8
5	100	39	3.7

续上表

序号	期待未来的月收入/元	人数/人	百分比/%
6	8 000	37	3.5
7	50 000	35	3.3
8	3 000	34	3.2
9	2 000	33	3.1
10	100 000	32	3.0

小学女生期待未来的月收入的前10名见表2-7。其中期待未来月收入为10 000元的小学女生最多，有210人（17.8%）。

表2-7 小学女生期待未来的月收入作答情况

序号	期待未来的月收入/元	人数/人	百分比/%
1	10 000	210	17.8
2	1 000	111	9.4
3	5 000	92	7.8
4	20 000	61	5.2
5	100	52	4.4
6	8 000	47	4.0
7	3 000	42	3.6
8	6 000	41	3.5
9	30 000	38	3.2
10	2 000	37	3.1

第二节　调查结果

一、乡村儿童的基本心理健康状况

（一）抑郁风险

抑郁是个体情绪低沉、沮丧、悲伤等多种不愉快反应综合而成的生理、社会和心理方面的多维障碍。抑郁作为一种负性情绪会严重影响到个体的认知方式、正常的学业以及人际交往活动。

本次调查采用儿童抑郁量表（CDI）作为测量工具。结果显示，乡村儿童的平均抑郁得分为14.3分，标准差为7.9分。以20分为抑郁风险划界分，有74.8%的乡村儿童无抑郁风险，有25.2%的乡村儿童有抑郁风险（见图2-18）。乡村儿童的抑郁风险检出率为25.2%，远高于参与本次调研的乡村儿童父母，远高于我国某城市小学生抑郁障碍检出率（17.2%）。乡村儿童的抑郁问题值得重视。

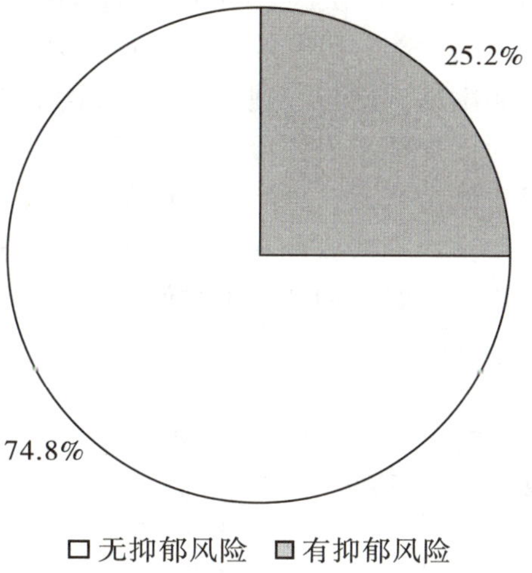

图2-18　乡村儿童抑郁风险检出人数百分比

1. 性别差异

本次调查结果显示，小学男生中，75.0%无抑郁风险，25.0%有抑郁风险。小学女生中，74.7%无抑郁风险，25.3%有抑郁风险。卡方检验分析得出，小学女生抑郁风险检出率稍高于小学男生，但是性别差异没有达到显著水平（见图2-19）。

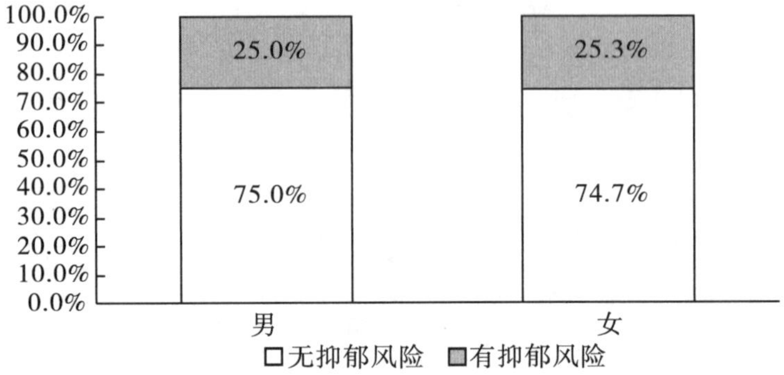

图2-19　乡村儿童抑郁风险检出率的性别差异

2. 年级差异

抑郁风险检出率为小学六年级（28.6%）最高，其次为一年级（26.9%）与二年级（26.4%），再次为五年级（24.7%），最后为三年级（22.7%）与四年级（22.3%）。但是，卡方检验分析得出，抑郁风险检出率的年级差异没有达到显著水平（见图2-20）。本次调查结果显示，小学六年级学生的抑郁风险检出率最高，这与过去大部分研究的结果一致，但本次调查的小学一、二年级的抑郁风险检出率次高，这与心理健康水平和年龄的规律有出入。这可能与小学低年级学生对于抑郁量表题目的理解能力不足有关，而且乡村儿童的识字能力可能滞后于城市儿童。虽然本次调研选取了专用于儿童年龄段的测评工具，培训调研主试教师播放录制的施测音视频，逐题地向学生阅读施测条目，但小学低年级学生对于抑郁量表的使用可能仍然存在困难。目前的结果仍需要更多研究来探索。

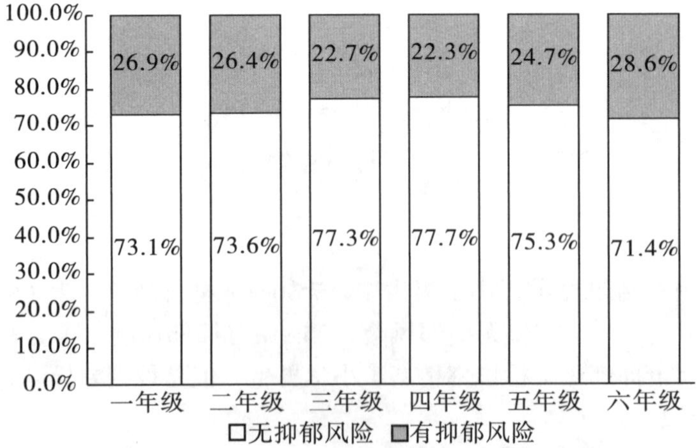

图2-20　乡村儿童抑郁风险检出率的年级差异

单因素方差分析显示，乡村儿童抑郁水平的年级差异显著（$F=2.28$，$p<0.05$）。小学六年级学生（15.4 ± 8.4）的抑郁水平显著高于二年级（14.0 ± 7.9）、三年级（13.7 ± 7.8）、四年级（13.8 ± 7.5）、五年级（14.2 ± 7.8）学生（见图2–21）。乡村小学六年级学生抑郁水平最高。

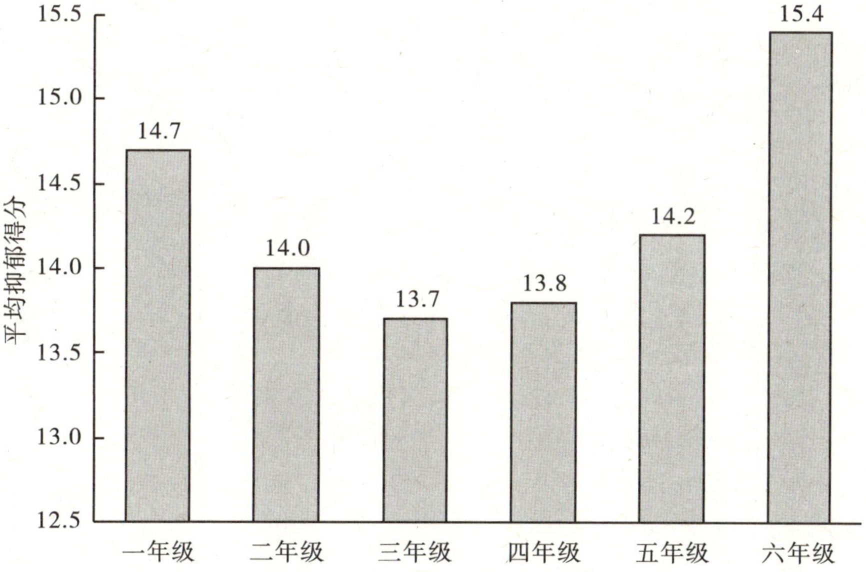

图2–21　乡村儿童抑郁水平的年级差异

（二）焦虑风险

焦虑是每个人都会体验到的心理状态，适度的焦虑能够提高工作效率，更有效地解决问题，但是，过度焦虑会让人感到痛苦，并影响工作与健康。

本次调查采用广泛性焦虑障碍量表（GAD-7）作为测量工具，由乡村小学三到六年级学生作答。结果显示，乡村儿童的平均焦虑得分为6.4分，标准差为4.6分。有中度及以上焦虑风险的乡村儿童占25.7%，有轻度及以下焦虑风险的乡村儿童占74.3%（见图2–22）。25.7%的乡村儿童呈现出焦虑风险，乡村儿童的焦虑风险检出率远高于参与本次调研的乡村儿童的父母，与我国某城市小学生焦虑障碍检出率（24.8%）接近。

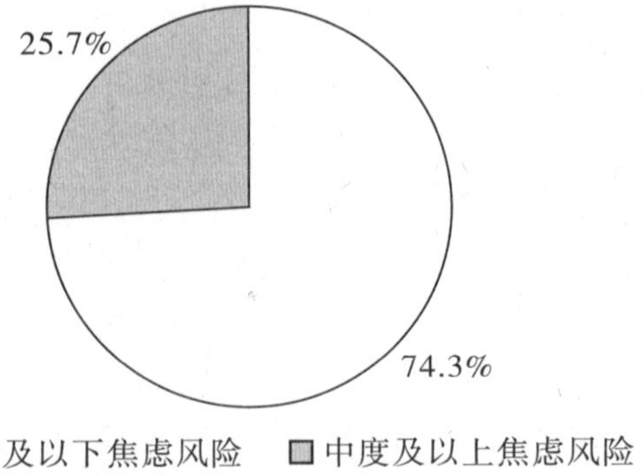

图2-22 乡村儿童焦虑风险检出人数百分比

1. 性别差异

卡方检验分析得出，乡村儿童焦虑风险的性别差异显著（$\chi^2=4.42$，$p<0.05$），小学女生焦虑风险检出率显著高于小学男生。小学男生中，中度及以上焦虑风险检出人数占23.4%，轻度及以下焦虑风险检出人数占76.6%。小学女生中，中度及以上焦虑风险检出人数占27.8%，轻度及以下焦虑风险检出人数占72.2%（见图2-23）。在乡村儿童中，女生的焦虑风险检出率超过男生，这一结果与中国城市儿童焦虑水平研究以及国外儿童焦虑研究结果一致。

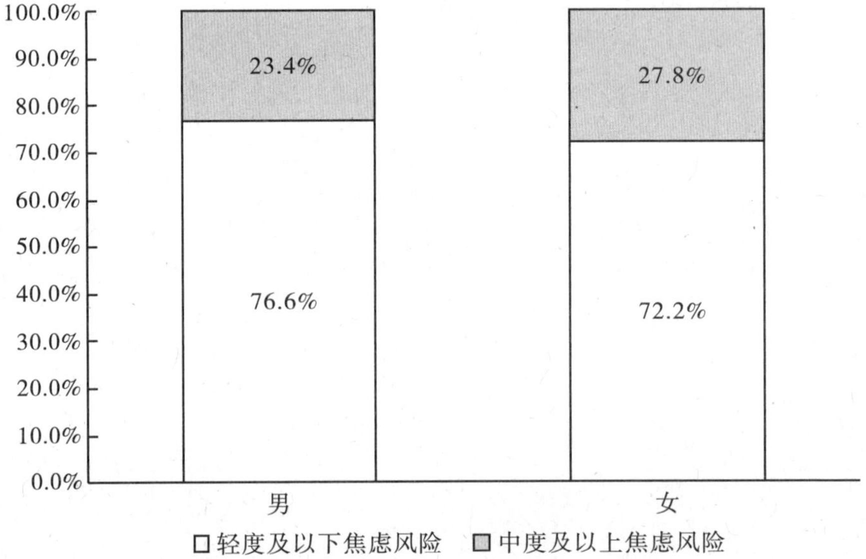

图2-23 乡村儿童焦虑风险检出率的性别差异

2. 年级差异

卡方检验分析得出，乡村儿童焦虑风险检出率年级差异显著（χ^2=10.66，$p<0.05$）。小学三年级中度及以上焦虑风险检出率（32.1%）显著高于四年级（23.6%）、五年级（24.8%）、六年级（23.7%）（见图2-24）。小学三年级学生焦虑风险检出率最高。

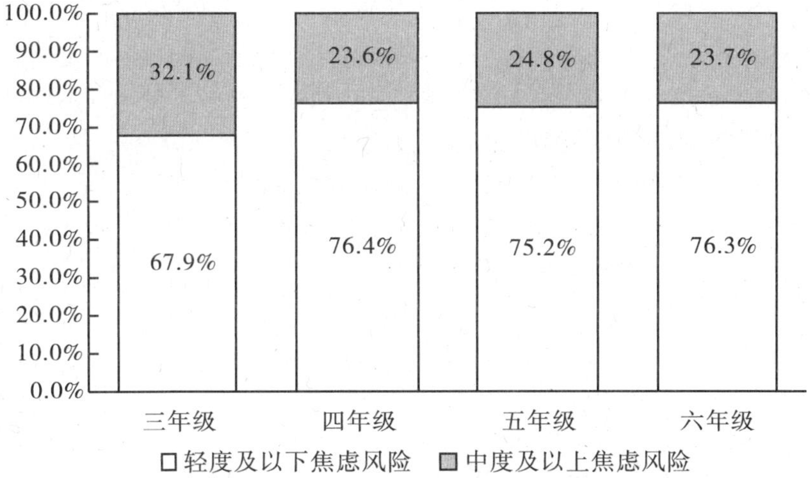

图2-24　乡村儿童焦虑风险检出率的年级差异

随着年级上升，乡村儿童焦虑水平呈现下降趋势。单因素方差分析结果显示，年级不同，焦虑水平存在显著差异（F=3.1，$p<0.05$）。小学五年级学生（6.1 ± 4.7）、六年级学生（6.1 ± 4.8）的焦虑水平显著低于三年级学生（6.9 ± 4.7）（见图2-25）。

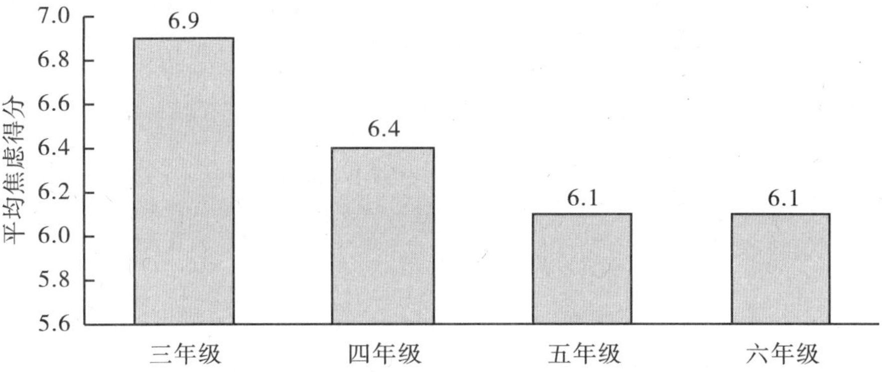

图2-25　乡村儿童焦虑水平的年级差异

本次调查结果显示，乡村小学三年级学生焦虑风险检出率最高，甚至高于五、六年级学生。这一结论与过去的研究之间存在差异，过去的很多研究显示，小学生的焦虑水平是随着年级的上升而逐渐增长的。小学三年级在乡村地区是否属于学业适应或过渡阶段，小学三年级学生是否不同于一、二年级学生，开始面临更多的学业压力而导致更高的焦虑水平，背后的具体原因仍需要更多研究来探索。

（三）问题行为

问题行为是儿童、青少年在成长和发展中出现的妨碍学习、品德和性格健康发展的不正常行为，以及给家庭、社会和学校教育带来麻烦的行为。问题行为是儿童、青少年阶段较为突出的问题。

本次调查使用选编的问题行为量表作为测量工具，由乡村小学三到六年级学生作答。调查结果显示，乡村儿童的平均问题行为得分为4.2分，标准差为3.6分。乡村儿童问题行为发生人数与百分比见表2–8。

表2–8　乡村儿童问题行为发生人数与百分比

序号	问题行为	发生人数/人	百分比/%
1	对性的问题想得过多	857	47.1
2	骂人或说脏话	758	41.6
3	不做作业或抄作业	582	31.9
4	做了不该做的事也不内疚	555	30.5
5	说谎骗人	538	29.5
6	和惹麻烦的朋友在一起	452	24.8
7	在家里学校或者其他地方违反规则	318	17.5
8	玩火	257	14.0
9	考试作弊	200	11.0
10	离家出走	156	8.6
11	为了寻求刺激而服用药物	134	7.4
12	偷家里的东西	126	7.0
13	背着家长喝酒	118	6.5

续上表

序号	问题行为	发生人数/人	百分比/%
14	旷课或逃学	93	5.1
15	吸烟	88	4.9
16	在外面偷东西	62	3.4

注：各项问题行为作答人数有差异。

乡村儿童问题行为，回答“常常如此”的人数与百分比见表2–9。

表2–9　乡村儿童问题行为回答“常常如此”的人数与百分比

序号	问题行为	回答“常常如此”人数/人	百分比/%
1	对性的问题想得过多	158	8.7
2	做了不该做的事也不内疚	157	8.6
3	不做作业或抄作业	107	5.9
4	骂人或说脏话	99	5.4
5	和惹麻烦的朋友在一起	58	3.2
6	玩火	50	2.7
7	为了寻求刺激而服用药物	47	2.6
8	说谎骗人	39	2.1
9	在家里学校或者其他地方违反规则	39	2.1
10	旷课或逃学	37	2.0
11	吸烟	36	2.0
12	离家出走	35	1.9
13	考试作弊	33	1.8
14	背着家长喝酒	27	1.5
15	偷家里的东西	21	1.2
16	在外面偷东西	16	0.9

注：各项问题行为作答人数有差异。

1. 性别差异

*T*检验结果显示，乡村儿童问题行为水平存在显著性别差异（t=5.11，$p < 0.001$）。小学男生问题行为（4.6 ± 3.9）显著多于小学女生（3.7 ± 3.2）（见图2–26）。

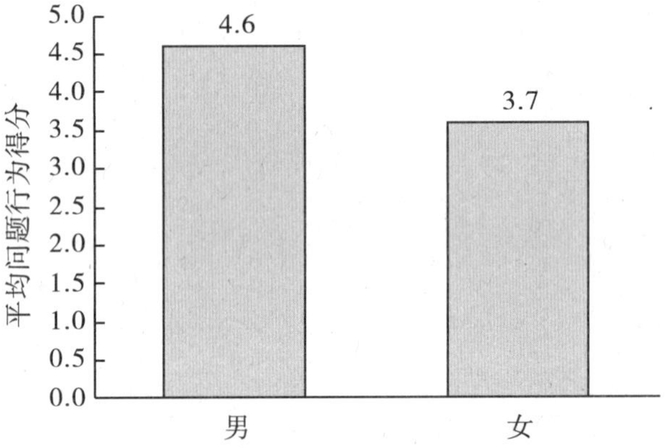

图2–26　乡村儿童问题行为水平的性别差异

2. 年级差异

单因素方差分析显示，年级不同，乡村儿童问题行为水平存在显著差异（F=3.30，$p < 0.05$）。小学四年级学生的问题行为（3.9 ± 3.4）最少；三年级学生的问题行为（4.7 ± 4.4）最多，显著多于四年级、五年级（4.1 ± 3.6）学生（见图2–27）。

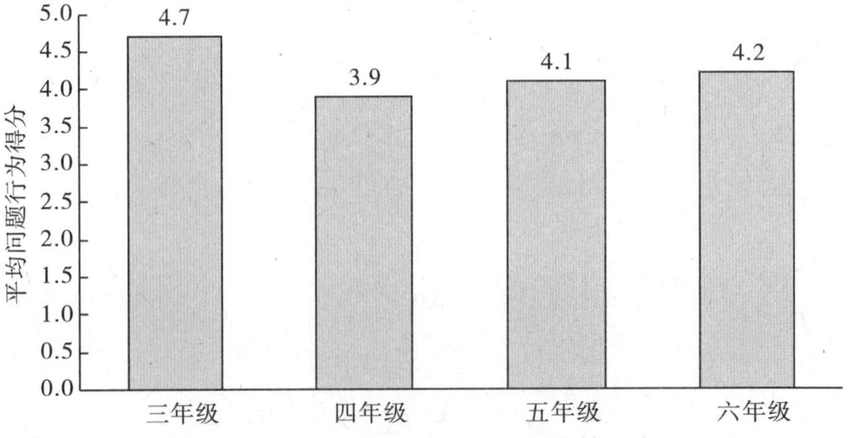

图2–27　乡村儿童问题行为水平的年级差异

（四）自杀意念

本调查询问乡村儿童的自杀意念，由小学三到六年级学生作答。结果显示，有3.2%的乡村儿童回答“想自杀”，38.7%的乡村儿童回答“想过自杀，但不会去做”，有58.1%的乡村儿童回答“没有想过自杀”（见图2–28）。

自杀意念是询问乡村儿童是否想到过自杀，与自杀行为完全不同，自杀意念中极少数个体才会真的采取自杀计划或行动。

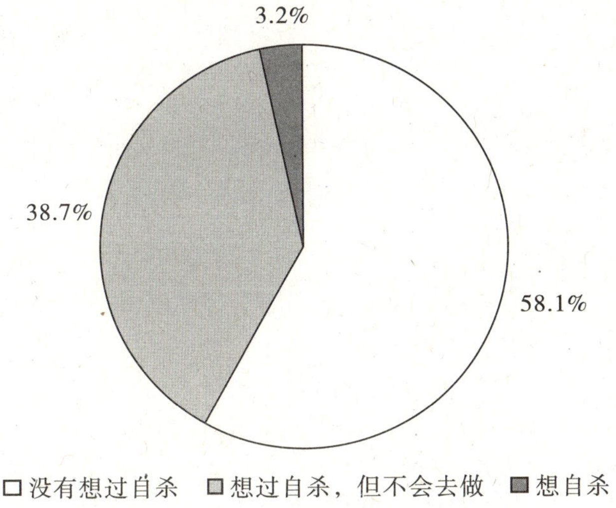

图2–28　乡村儿童自杀意念人数百分比

1. 性别差异

卡方检验结果显示，乡村儿童自杀意念的性别差异显著（χ^2 =16.0，$p<0.001$）。小学男生中，回答“没有想过自杀”的人数占比62.9%，回答“想过自杀，但不会去做”的人数占比为34.5%，回答“想自杀”的人数占比为2.6%。小学女生中，回答“没有想过自杀”的人数占比53.5%，回答“想过自杀，但不会去做”的人数占比为42.9%，回答“想自杀”的人数占比为3.6%（见图2–29）。小学女生有自杀意念的人数百分比显著高于小学男生，小学女生的情况更令人担忧。

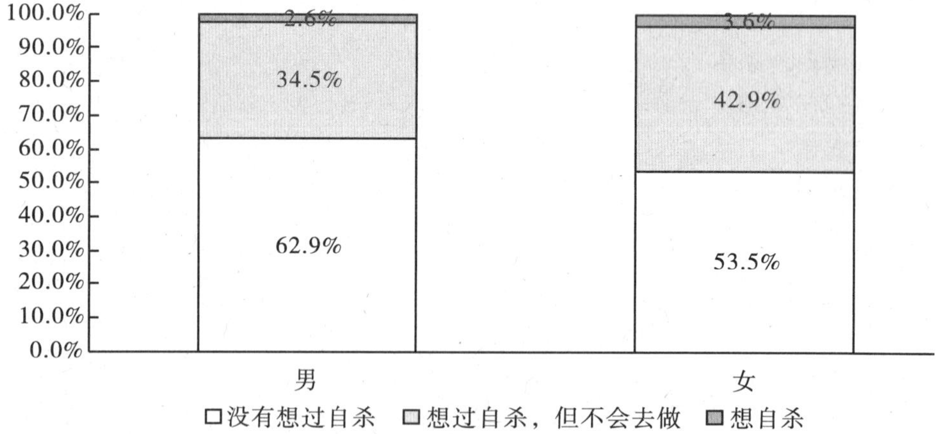

图2-29 乡村儿童自杀意念人数百分比的性别差异

2. 年级差异

乡村儿童中，回答“想自杀”的人数百分比按小学六年级（4.5%）、三年级（3.6%）、四年级（2.6%）、五年级（2.2%）的顺序依次递降；回答“想过自杀，但不会去做”的人数百分比按三年级（42.8%）、四年级（38.6%）、六年级（38.0%）、五年级（35.5%）的顺序依次递降；回答“没有想过自杀”的人数百分比按五年级（62.3%）、四年级（58.8%）、六年级（57.5%）、三年级（53.6%）的顺序依次递降（见图2-30）。卡方检验结果显示，不同年级的自杀意念人数百分比差异不显著。

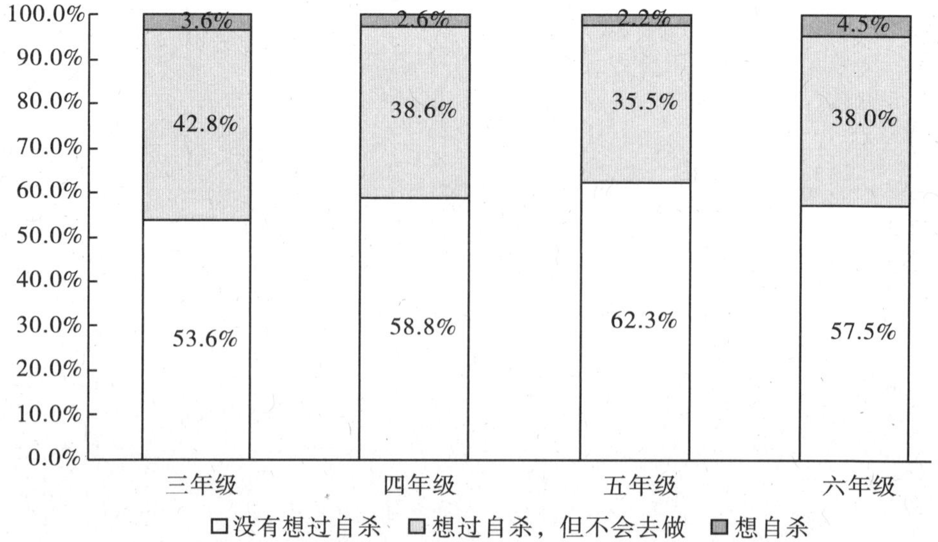

图2-30 乡村儿童自杀意念人数百分比年级差异

3. 抑郁风险与自杀意念的关系

抑郁是自杀的高危因素之一。卡方检验分析显示，抑郁风险检出的乡村儿童中回答“想自杀”的人占11.2%，无抑郁风险的乡村儿童中回答“想自杀”的人仅占0.8%，乡村儿童自杀意念人数百分比抑郁倾向差异显著（$\chi^2=289.68$，$p<0.001$）（见图2-31）。

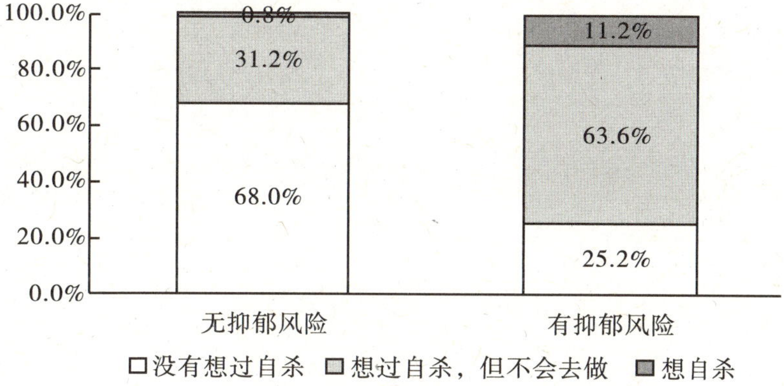

图2-31 乡村儿童自杀意念在抑郁风险上的差异

二、乡村儿童心理健康的影响因素

（一）个人睡眠状况

睡眠是与心理健康关系密切的生理状态。此前研究显示，睡眠问题会增加抑郁等情绪障碍的风险，反之，焦虑和抑郁等情绪障碍也会影响睡眠质量。本次调查询问了乡村儿童的睡眠情况，由小学一至六年级学生作答。结果显示，69.0%的乡村儿童回答“睡得很好”，20.9%的乡村儿童回答“很多个晚上睡不好”，10.1%的乡村儿童回答“每天晚上都睡得不好”（见图2-32）。超过30%的乡村儿童睡眠质量堪忧，乡村儿童的睡眠状况值得引起重视。

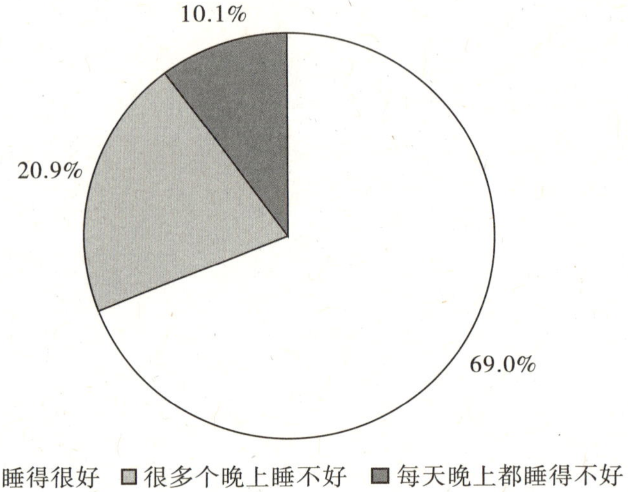

图2-32　乡村儿童睡眠情况分布比例

1. 性别差异

卡方检验结果显示，乡村儿童睡眠质量分布在性别上存在显著差异（$\chi^2=11.50$，$p<0.01$）。小学男生中，回答“每天晚上都睡得不好”的人数占比11.8%，回答“很多个晚上睡不好”的人数占比18.6%，回答“睡得很好”的人数占比69.6%。小学女生中，回答“每天晚上都睡得不好”的人数占比8.8%，回答“很多个晚上睡不好”的人数占比23.0%，回答“睡得很好”的人数占比68.2%（见图2-33）。小学男生睡眠质量好的人数百分比高于小学女生。

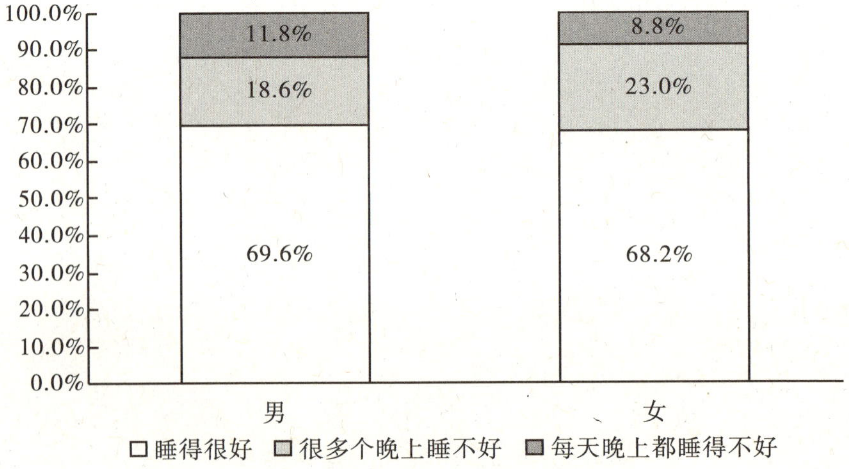

图2-33　乡村儿童睡眠情况性别差异

2. 年级差异

卡方检验结果显示，年级不同，乡村儿童睡眠质量分布差异显著（χ^2=64.98，$p<0.001$）。随着年级升高，“睡得很好”的人数百分比呈逐步下降趋势；随着年级升高，“很多个晚上睡不好”的人数百分比呈逐步增长趋势；回答“每天晚上都睡得不好”的人数百分比为小学一年级（13.6%）最高，回答“很多个晚上睡不好”的人数百分比为小学六年级（30.9%）最高（见图2–34）。说明随着年级升高，乡村儿童睡眠质量高的人数百分比呈下降趋势。

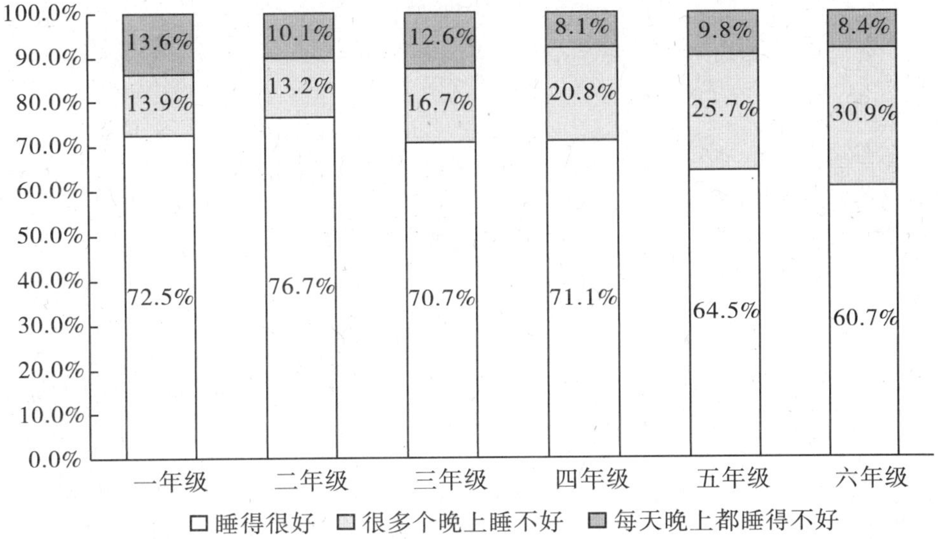

图2–34　乡村儿童睡眠情况年级差异

3. 睡眠质量与抑郁、焦虑、问题行为水平的关系

单因素方差分析显示，乡村儿童睡眠质量越好，其抑郁得分越低。抑郁得分由高到低依次为“每天晚上都睡得不好”（23.3 ± 8.0）、“很多个晚上睡不好”（19.1 ± 6.8）、“睡得很好”（11.7 ± 6.3），且每种睡眠质量状况的抑郁得分之间均存在显著差异（F=466.78，$p<0.001$）（见图2–35）。

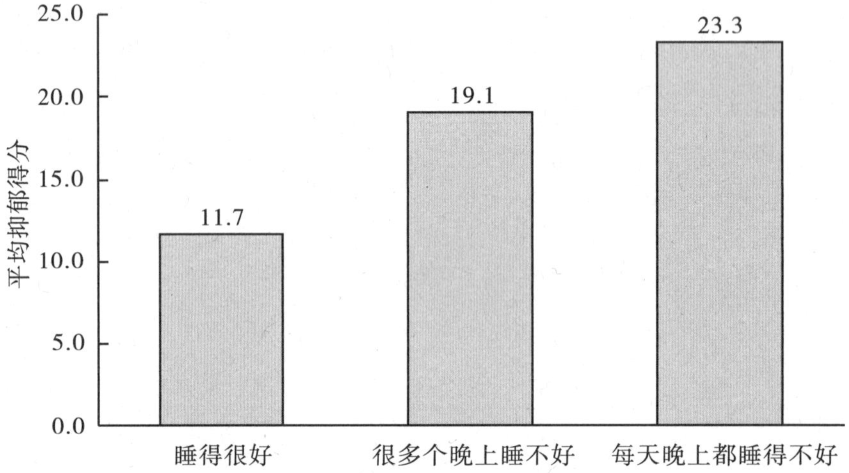

图2-35　乡村儿童睡眠质量与其抑郁水平的关系

单因素方差分析显示，乡村儿童睡眠质量越好，其焦虑得分越低。焦虑得分由高到低依次为“每天晚上都睡得不好”（10.0 ± 5.0）、“很多个晚上睡不好”（8.2 ± 4.5）、“睡得很好”（5.3 ± 4.1），且每种睡眠质量状况的焦虑得分之间均存在显著差异（F=141.5，$p<0.001$）（见图2-36）。

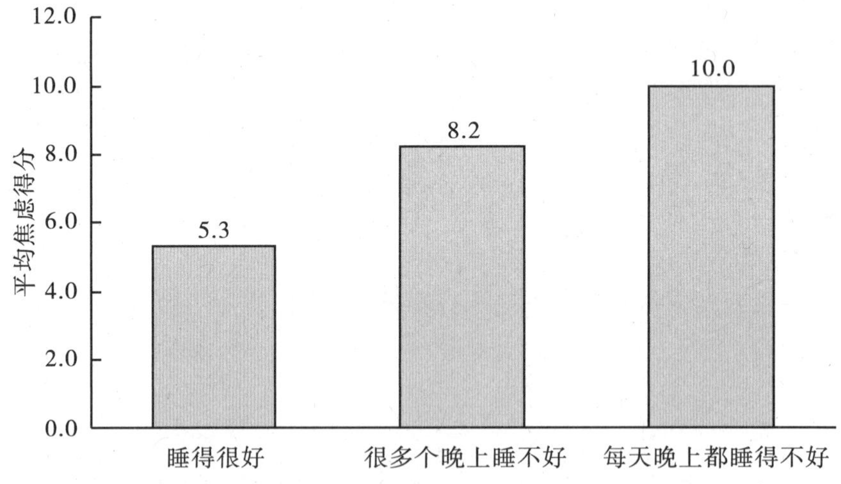

图2-36　乡村儿童睡眠质量与其焦虑水平的关系

单因素方差分析显示，乡村儿童睡眠质量越好，其问题行为得分越低。问题行为得分由高到低依次为“每天晚上都睡得不好”（5.5 ± 4.9）、“很多个晚上睡不好”（4.5 ± 3.4）、“睡得很好”（3.8 ± 3.4），且每种睡眠质量状况的问题行为得分之间均存在显著差异（F=19.39，$p<0.001$）（见图2-37）。

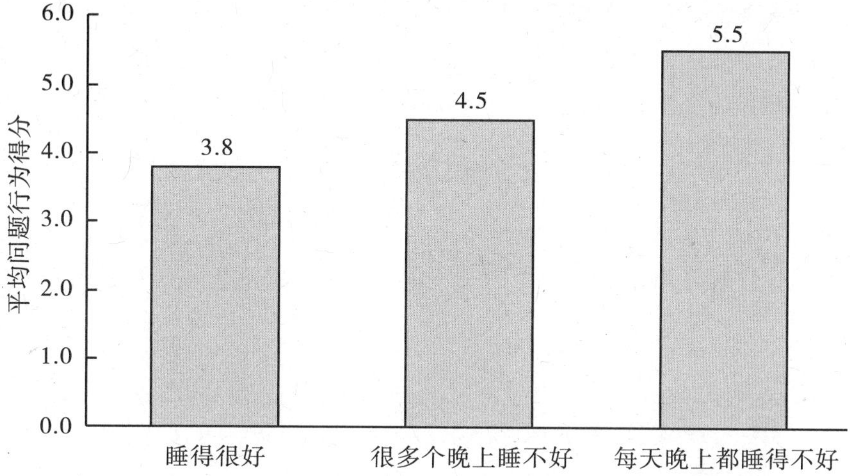

图2-37　乡村儿童睡眠质量与其问题行为水平的关系

4. 睡眠质量与自杀意念的关系

以往研究表明，睡眠质量是自杀意念的预测因子。本调查卡方检验分析显示，每天晚上都睡得不好的乡村儿童中回答“想自杀”的人占11.1%，很多个晚上睡不好的乡村儿童中回答“想自杀”的人占4.7%，睡得很好的乡村儿童中回答“想自杀”的人占1.6%。乡村儿童自杀意念人数百分比在睡眠质量上差异显著（$\chi^2=112.05$，$p<0.001$）（见图2-38）。乡村儿童睡眠质量越好，有自杀意念人数越少。好的睡眠质量是自杀意念的有效防护因素之一。

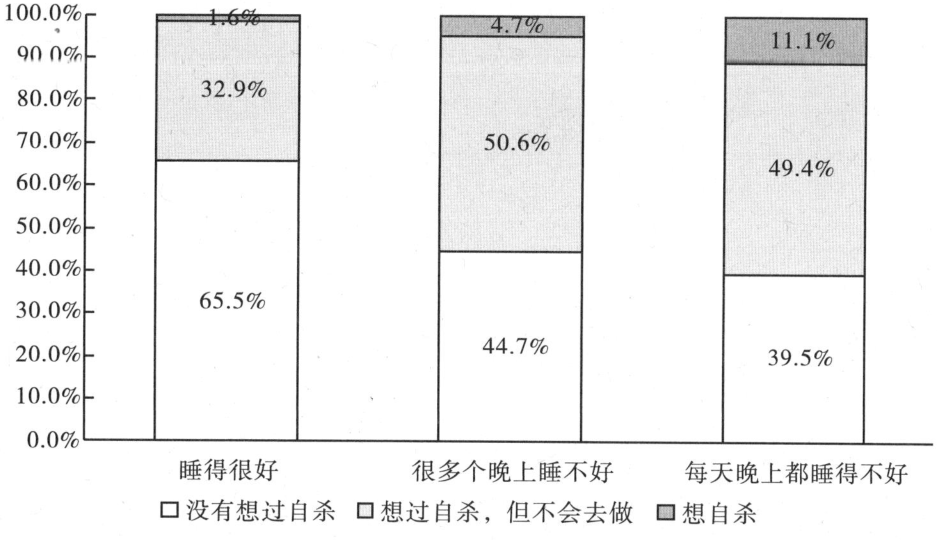

图2-38　乡村儿童自杀意念人数百分比在睡眠质量上的差异

（二）家庭环境因素差异

乡村儿童的心理健康问题深受家庭环境因素影响。本研究中考察的家庭环境因素包括以下四个方面：独生子女、家中排行、父母文化程度、家人间是否动手打架。

1. 独生子女

独生子女，是指一对夫妻生育的唯一子女，没有一个亲兄弟姐妹。在本研究中，描述统计结果显示，独生子女278人，占11.1%；非独生子女2 117人，占84.7%；103人未报告，占4.1%。

独立样本*T*检验分析显示，无论是否为独生子女，乡村儿童在抑郁、焦虑得分上的差异均不显著。

独立样本*T*检验显示，乡村儿童的问题行为水平在是否为独生子女上的差异显著（t=3.64，$p<0.001$），独生子女的问题行为（3.4 ± 3.2）显著少于非独生子女（4.2 ± 3.6）（见图2–39），也就是说，非独生子女的问题行为更严重。

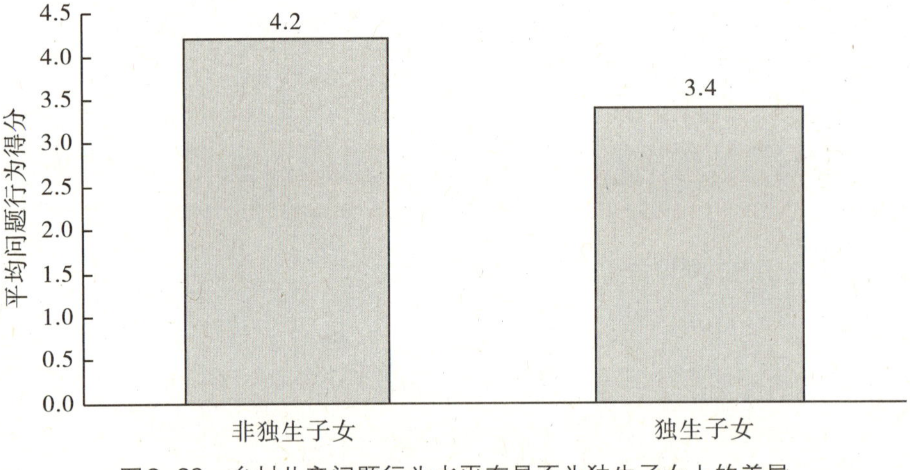

图2–39　乡村儿童问题行为水平在是否为独生子女上的差异

独立样本*T*检验显示，非独生子女问题行为水平的性别差异显著（t=5.74，$p<0.001$）。非独生子女中，小学男生问题行为（4.8 ± 3.9）显著多于小学女生（3.7 ± 3.2）。然而，独生子女问题行为水平的性别差异不显著。

2. 家中排行

本调查结果显示，在作答的2 023名非独生子女中，家中排行第一的乡村儿童占36.3%（734人），家中排行第二的占42.0%（849人），家中排行第三及以上的占21.7%（440人）（见图2–40）。

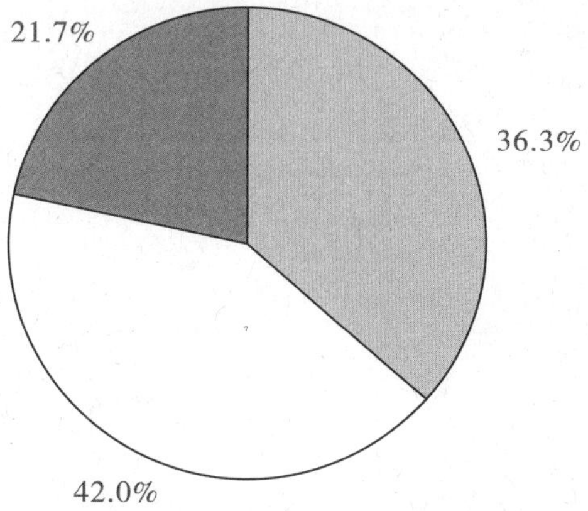

图2-40　乡村儿童非独生子女家中排行人数百分比

卡方检验分析得出，家中排行第一的乡村儿童抑郁风险检出率为23.9%，家中排行第二的乡村儿童抑郁风险检出率为22.8%，家中排行第三及以上的乡村儿童抑郁风险检出率为30.1%，乡村儿童抑郁风险检出率的家中排行差异显著（$\chi^2=8.31$，$p<0.05$）（见图2-41）。家中排行第三及以上的乡村儿童抑郁风险检出率明显高于家中排行第一、第二的乡村儿童。家中排行第三及以上的乡村儿童抑郁风险检出率最高，这一现象值得关注。

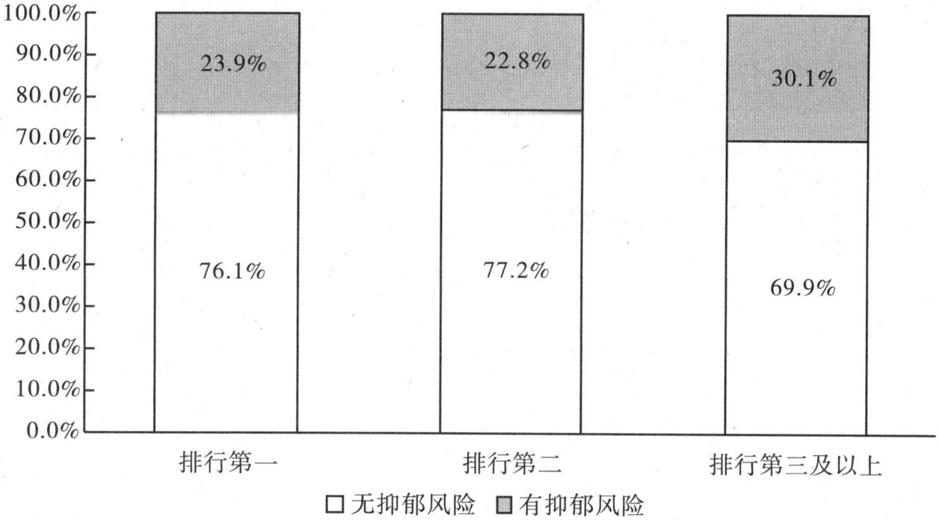

图2-41　乡村儿童抑郁风险检出率的家中排行差异

单因素方差分析显示，乡村儿童抑郁水平在家中排行中差异显著（F=8.33，p＜0.001）。家中排行第三及以上的乡村儿童抑郁水平（15.6±8.0）显著高于家中排行第一（14.0±7.6）、第二（13.9±7.6）的乡村儿童（见图2–42）。家中排行第三及以上的乡村儿童抑郁水平最高，这一现象值得关注。

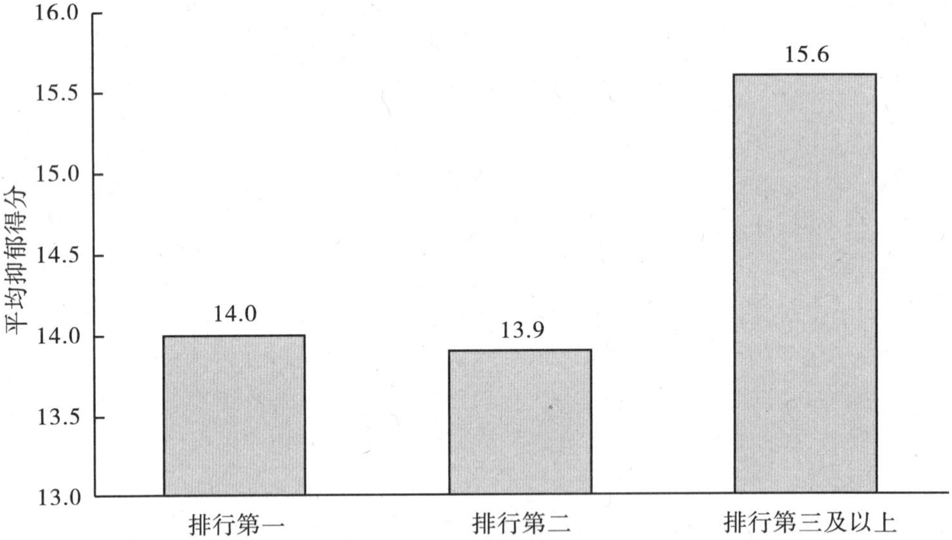

图2–42　乡村儿童抑郁水平的家中排行差异

卡方检验分析得出，家中排行第一的乡村儿童中度及以上焦虑风险检出率为26.5%，家中排行第二的乡村儿童中度及以上焦虑风险检出率为24.5%，家中排行第三及以上的乡村儿童中度及以上焦虑风险检出率为27.2%。但是，焦虑风险检出率的家中排行差异没有达到显著水平（见图2–43）。家中排行第三及以上的乡村儿童焦虑风险检出率最高。

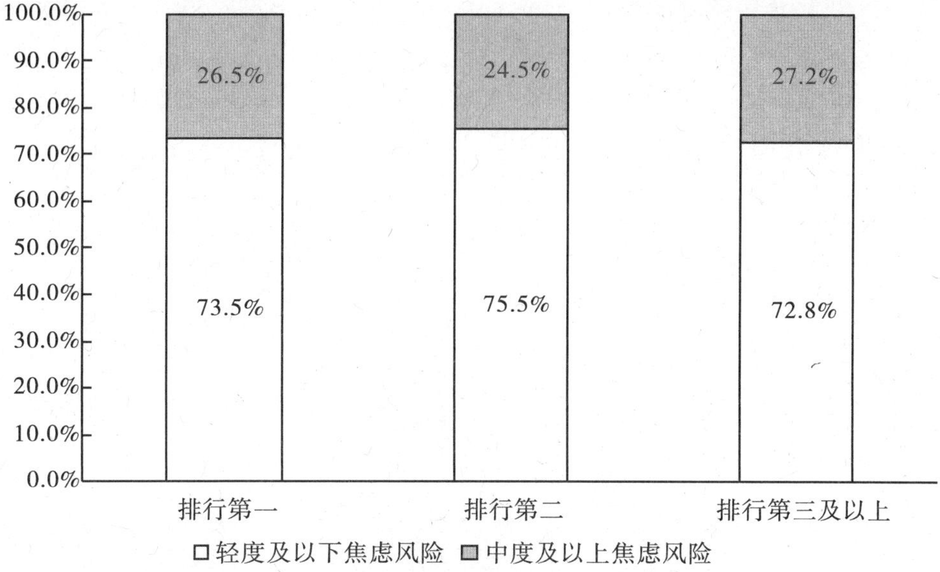

图2-43　乡村儿童焦虑风险检出率的家中排行差异

单因素方差分析显示，家中排行第一的乡村儿童焦虑水平（6.4 ± 4.6）稍高于家中排行第二的乡村儿童（6.2 ± 4.5），家中排行第三及以上的乡村儿童焦虑水平（6.9 ± 4.5）最高。乡村儿童焦虑水平在家中排行上差异没有达到显著水平（见图2-44）。

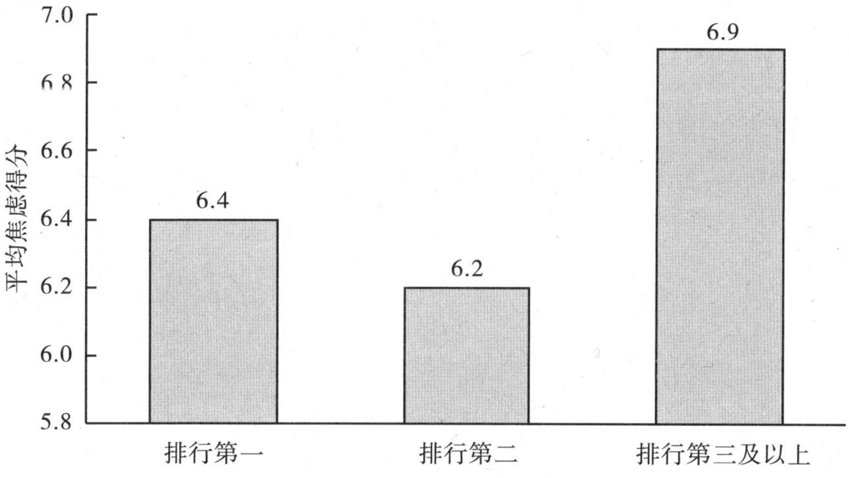

图2-44　乡村儿童焦虑水平的家中排行差异

单因素方差分析显示，乡村儿童问题行为得分在家中排行上差异显著（F=4.06，$p<0.05$）。家中排行第一的乡村儿童问题行为（4.0 ± 3.5）最少，家中排行第三及以上的乡村儿童问题行为（4.7 ± 3.6）最多（见图2–45）。随着乡村儿童在家中的排行靠后，其问题行为愈加严重。

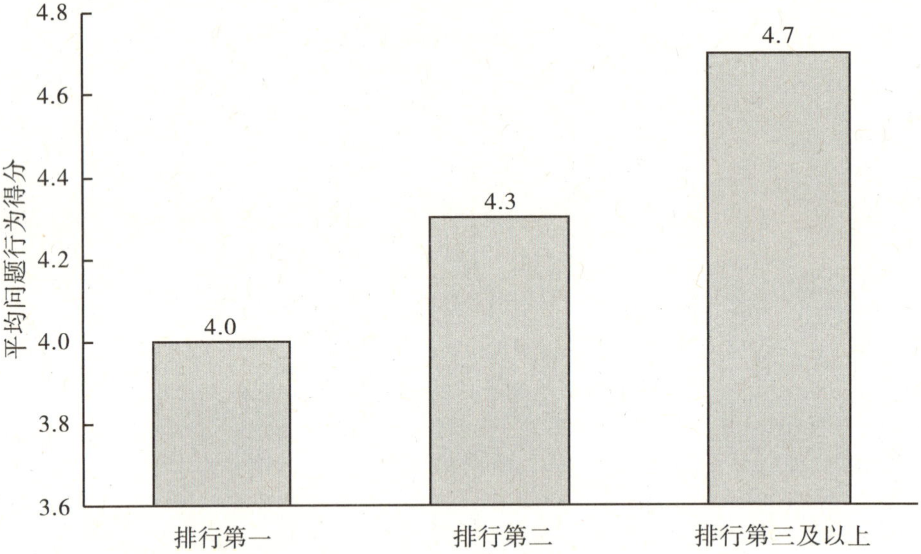

图2–45　乡村儿童问题行为水平的家中排行差异

问题行为如“对性的问题想得过多”“骂人或说脏话”两项，在各种家中排行中一致为发生人数百分比最高的。各种家中排行的乡村儿童问题行为前五位及发生人数百分比具体情况见表2–10。

表2–10　各种家中排行的乡村儿童问题行为前五位及发生人数百分比

序号	家中排行第一的乡村儿童问题行为前五位	发生人数百分比/%	家中排行第二的乡村儿童问题行为前五位	发生人数百分比/%	家中排行第三及以上的乡村儿童问题行为前五位	发生人数百分比/%
1	对性的问题想得过多	46.4	对性的问题想得过多	48.0	对性的问题想得过多	55.4
2	骂人或说脏话	40.0	骂人或说脏话	45.9	骂人或说脏话	39.5
3	不做作业或抄作业	32.5	不做作业或抄作业	34.1	做了不该做的事也不内疚	37.3

续上表

序号	家中排行第一的乡村儿童问题行为前五位	发生人数百分比/%	家中排行第二的乡村儿童问题行为前五位	发生人数百分比/%	家中排行第三及以上的乡村儿童问题行为前五位	发生人数百分比/%
4	说谎骗人	30.2	做了不该做的事也不内疚	31.7	和惹麻烦的朋友在一起	29.3
5	做了不该做的事也不内疚	26.2	说谎骗人	31.3	不做作业或抄作业	28.5

3. 父母文化程度

单因素方差分析显示，父亲文化程度不同，乡村儿童抑郁水平存在显著差异（F=3.99，$p<0.01$）。父亲文化程度为大学及以上的乡村儿童抑郁水平（13.0 ± 8.2）最低。父亲的文化程度为小学及以下的乡村儿童抑郁水平（15.4 ± 7.6）显著高于父亲文化程度为初中（13.7 ± 7.9）、高中/职高（13.7 ± 7.7）或大学及以上（13.0 ± 8.2）的乡村儿童（见图2–46）。

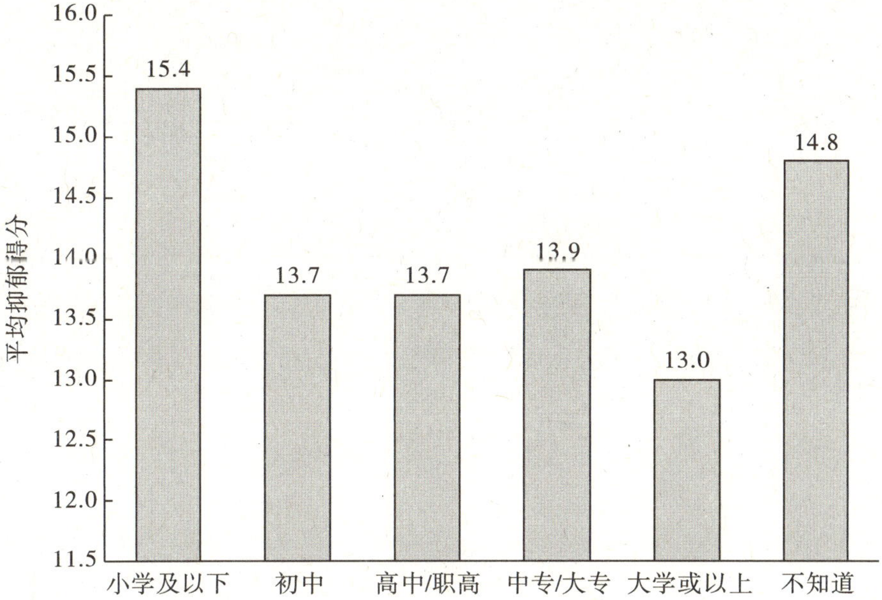

图2–46　乡村儿童抑郁水平的父亲文化程度差异

单因素方差分析显示，母亲文化程度不同，乡村儿童抑郁水平存在显著差异（F=3.09，p＜0.01）。母亲文化程度为小学及以下的乡村儿童抑郁水平（15.3 ± 7.4）显著高于母亲文化程度为初中（14.0 ± 8.3）、高中/职高（13.1 ± 7.0）、中专/大专（13.6 ± 7.4）、大学或以上（13.8 ± 8.1）的乡村儿童（见图2–47）。

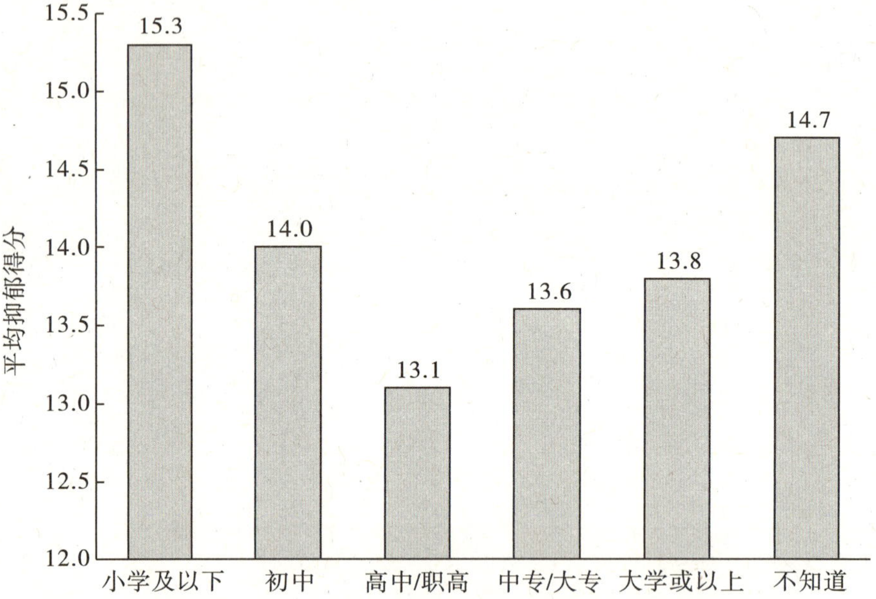

图2–47 乡村儿童抑郁水平的母亲文化程度差异

单因素方差分析显示，父亲文化程度不同，乡村儿童焦虑水平差异显著（F=2.36，p＜0.05）。父亲文化程度为小学及以下的乡村儿童焦虑水平（7.0 ± 4.6）最高，显著高于父亲文化程度为初中（6.0 ± 4.4）的乡村儿童（见图2–48）。

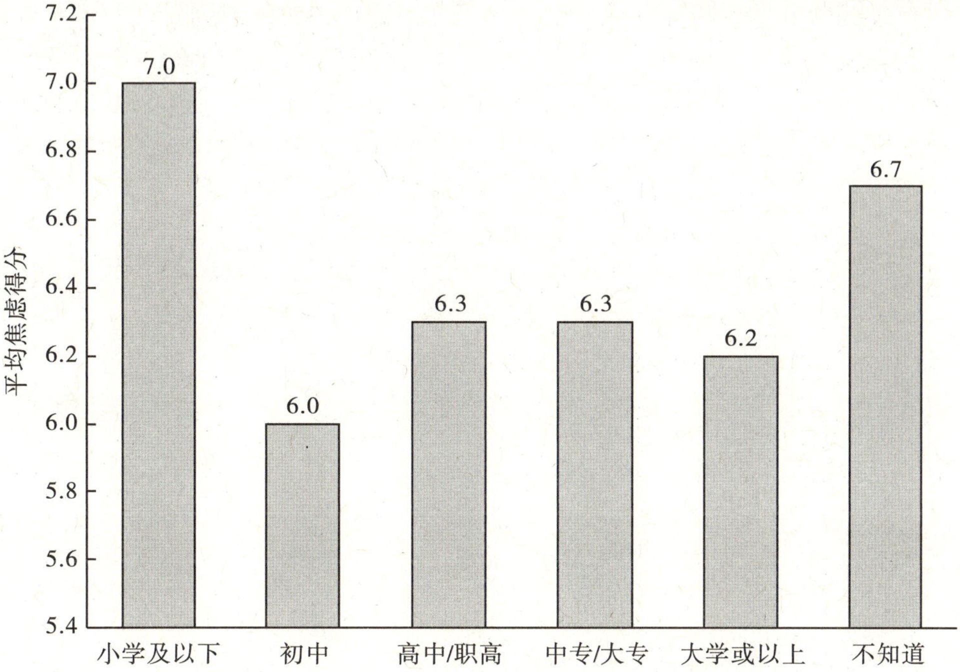

图2-48　乡村儿童焦虑水平的父亲文化程度差异

单因素方差分析结果显示，母亲文化程度不同，乡村儿童的焦虑水平差异不显著（见图2-49）。

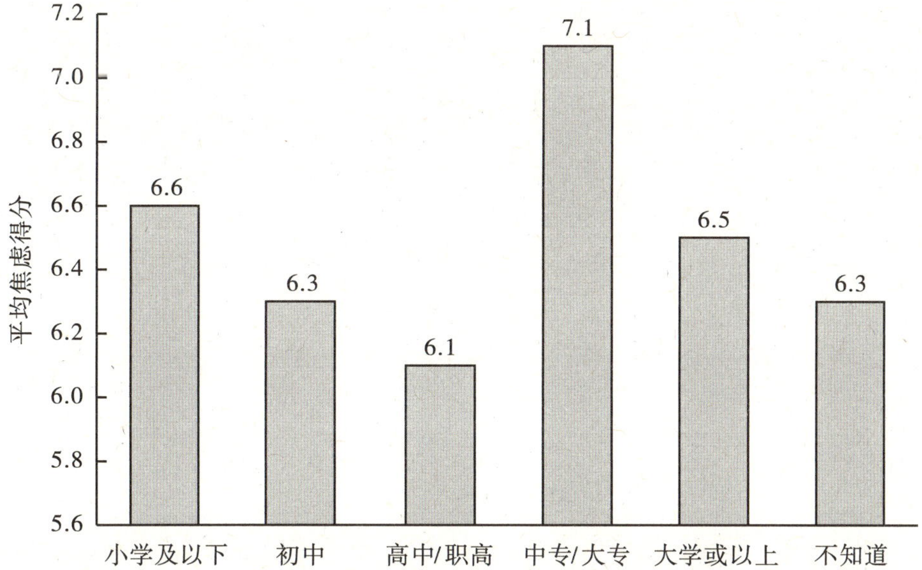

图2-49　乡村儿童焦虑水平的母亲文化程度差异

单因素方差分析显示，父亲文化程度不同，乡村儿童问题行为水平差异显著（F=5.09，p＜0.001）。父亲文化程度为小学及以下的乡村儿童问题行为最严重（5.0 ± 4.2），显著高于父亲文化程度为初中（3.9 ± 3.1）、高中/职高（3.7 ± 3.0）、大学或以上（3.7 ± 3.4）的乡村儿童。父亲文化程度为大学或以上的乡村儿童问题行为最少（见图2–50）。

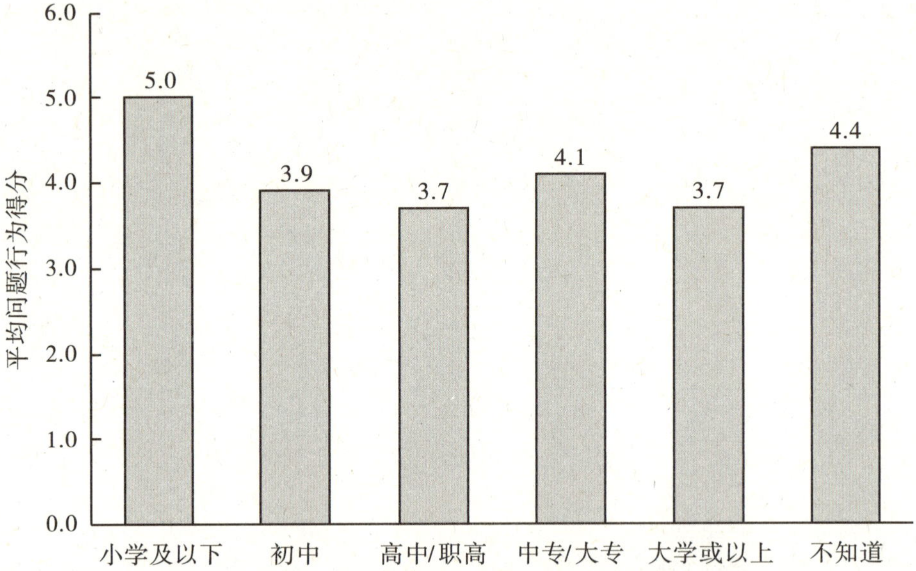

图2–50　乡村儿童问题行为水平的父亲文化程度差异

单因素方差分析显示，母亲文化程度不同，乡村儿童问题行为水平差异显著（F=3.48，p＜0.01）。母亲文化程度为初中（3.9 ± 3.1）或高中/职高（3.6 ± 2.9）的乡村儿童问题行为最少。母亲文化程度为小学及以下（4.6 ± 4.2）、中专/大专（4.9 ± 4.2）的乡村儿童，问题行为显著多于母亲文化程度为初中、高中/职高的乡村儿童（见图2–51）。

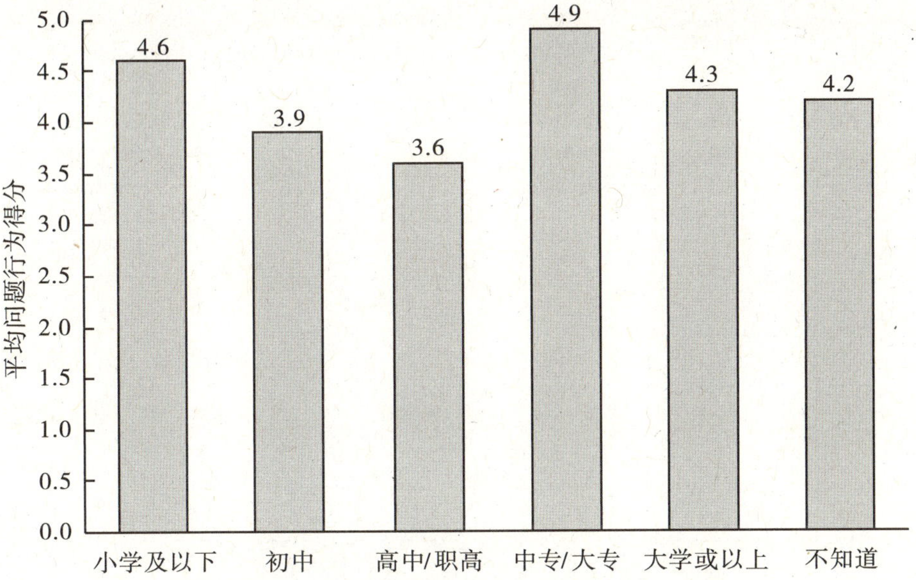

图2-51　乡村儿童问题行为的母亲文化程度差异

4. 家庭发生冲突时，家人间是否动手打架

本题共2 430人作答，结果显示，家庭发生冲突时，家人间是否动手打架，回答“常常”的乡村儿童有76人，占3.1%；回答“有时”的乡村儿童有298人，占12.3%；回答“偶尔”的乡村儿童有513人，占21.1%；回答“没有”的乡村儿童有1 543人，占63.5%。超过1/3的乡村儿童目睹过家里发生动手打架的暴力行为。

单因素方差分析显示，家人间打架频度不同，乡村儿童抑郁水平存在显著差异（F=54.59，$p<0.001$）。家人间打架越频繁，乡村儿童抑郁水平越高（见图2-52）。

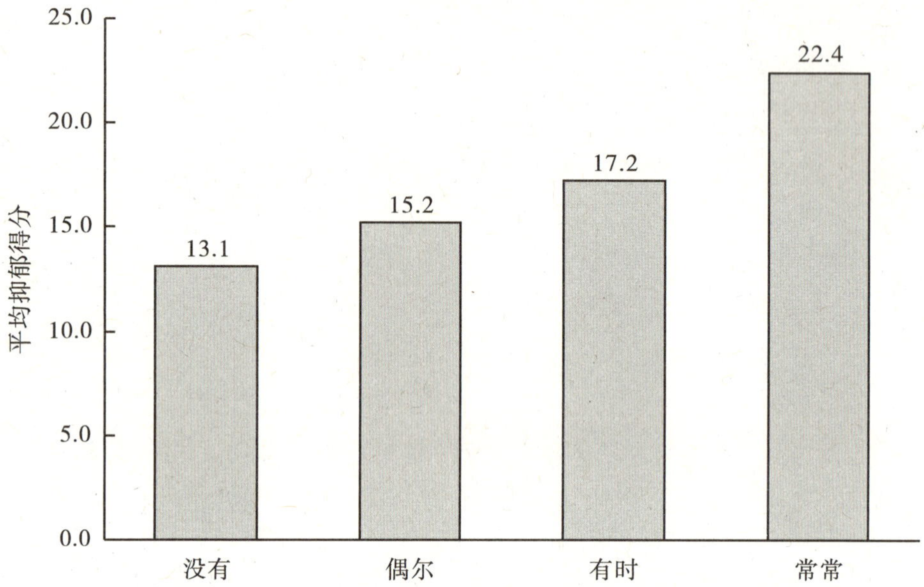

图2-52 乡村儿童抑郁水平在家人间动手打架频度中的差异

单因素方差分析显示，家人间打架频度不同，乡村儿童焦虑水平存在显著差异（F=23.35，p＜0.001）。家人间打架越频繁，乡村儿童焦虑水平越高（见图2-53）。

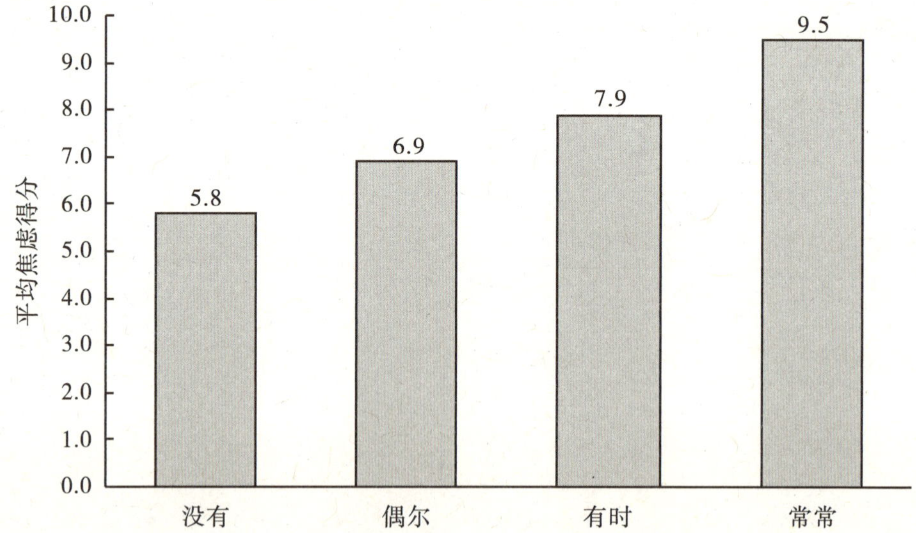

图2-53 乡村儿童焦虑水平在家人间动手打架频度中的差异

单因素方差分析显示，家人间打架频度不同，乡村儿童问题行为水平存在显著差异（F=22.85，p＜0.001）。家人间打架越频繁，乡村儿童问题行为越严重（见图2–54）。

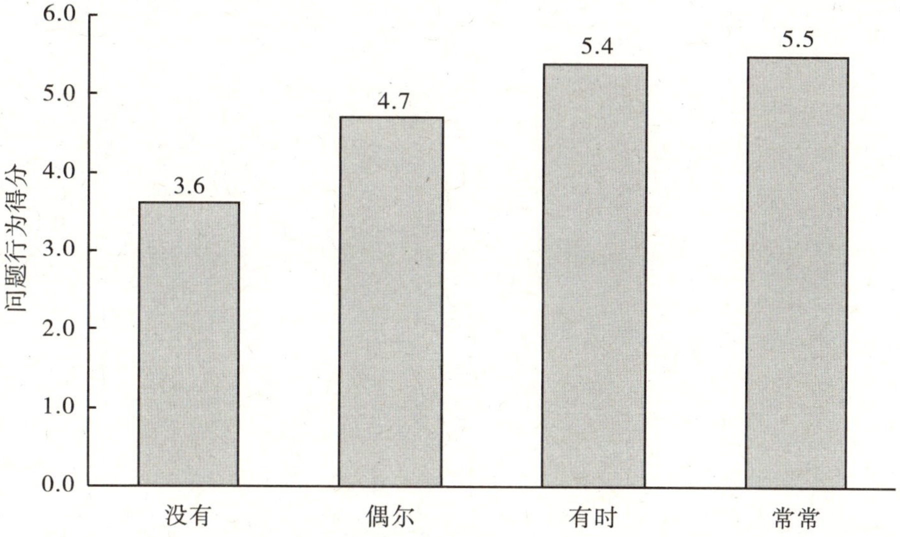

图2–54　乡村儿童问题行为严重程度在家人间动手打架频度中的差异

（三）教育环境因素差异

乡村儿童的心理健康问题深受教育环境因素影响。本研究中考察的教育环境因素包括以下两个方面：父亲教养投入与同伴关系。

1. 父亲教养投入

父亲作为影响个体心理和社会发展的重要他人，是个体在未来发展的重要方面（如学校教育和未来职业）获取支持与建议的主要来源。因此，父亲如何对待子女、如何与子女沟通等，即父亲对教育子女的投入程度成为影响个体心理健康与发展的重要因素。

本次调查采用父亲教养投入量表作为测量工具。调查结果显示，乡村儿童父亲教养投入的平均分为38.4 ± 19.9。独立样本T检验分析发现，乡村儿童父亲教养投入程度的子女性别差异显著（t=2.68，p＜0.01）。小学男生的父亲教养投入（40.3 ± 19.9）显著高于小学女生（36.5 ± 19.8）（见图2–55）。

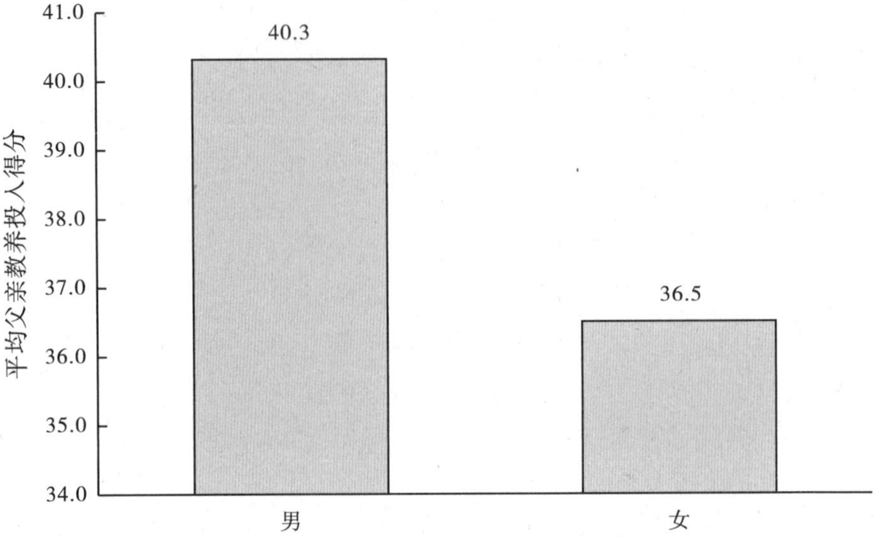

图2-55　乡村儿童父亲教养投入水平的子女性别差异

单因素方差分析显示，父亲文化程度不同，乡村儿童父亲教养投入程度差异显著（F=5.09，p＜0.001）。父亲文化程度为小学及以下，父亲教养投入最少（34.8 ± 19.6）；父亲文化程度为高中及以上，父亲教养投入最高（43.2 ± 20.0）。随着乡村儿童父亲的文化程度上升，其父亲教养投入逐渐升高（见图2–56）。

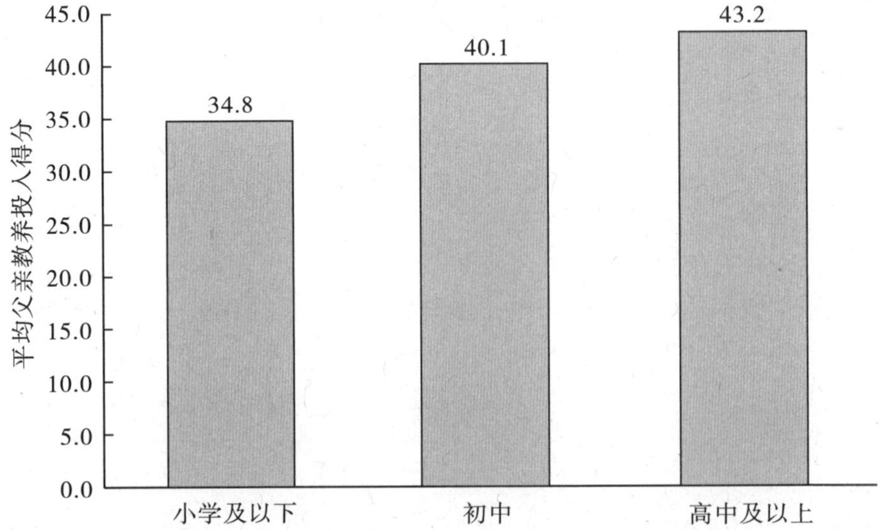

图2-56　乡村儿童父亲教养投入水平的父亲文化程度差异

相关分析结果显示，乡村儿童抑郁水平与其父亲教养投入水平呈显著负相关（$r=-0.38$，$p<0.001$）（见图2-57），父亲教养投入越高的乡村儿童，其抑郁水平越低。

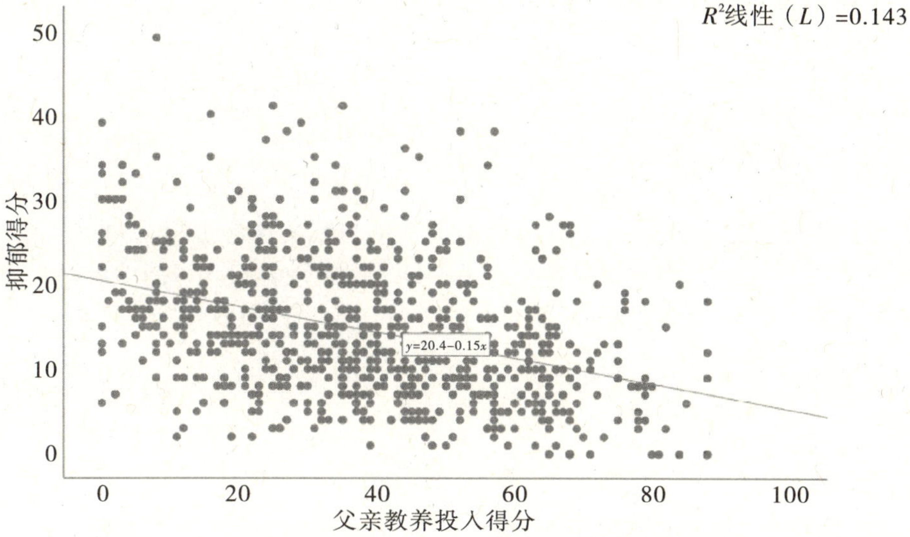

图2-57　乡村儿童抑郁水平与父亲教养投入水平的相关性

分层回归分析：以乡村儿童抑郁水平为因变量（Y）将性别、年级作为控制变量放入回归方程第一层，以乡村儿童以父亲教养投入水平作为自变量（X）放入回归方程第二层。分析结果显示，乡村儿童的性别与父亲教养投入水平对乡村儿童抑郁水平的预测显著（$\beta=-0.37$，$p<0.001$）。说明随着父亲教养投入增加，乡村儿童出现抑郁问题的可能性降低。回归分析结果见表2-11。

表2-11　对乡村儿童抑郁水平的回归分析

项目	标准回归系数β	t	显著性p
模型一			
性别	0.11	2.98	0.003
年级	0.05	1.40	0.163

续上表

项目	标准回归系数β	t	显著性p
模型二			
性别	0.07	2.19	0.029
年级	0.03	0.76	0.447
父亲教养投入水平	−0.37	−11.02	0.000

相关分析结果显示，乡村儿童焦虑水平与其父亲教养投入水平呈显著负相关（r=−0.18，p＜0.001）（见图2−58），父亲教养投入越高的乡村儿童，其焦虑水平越低。

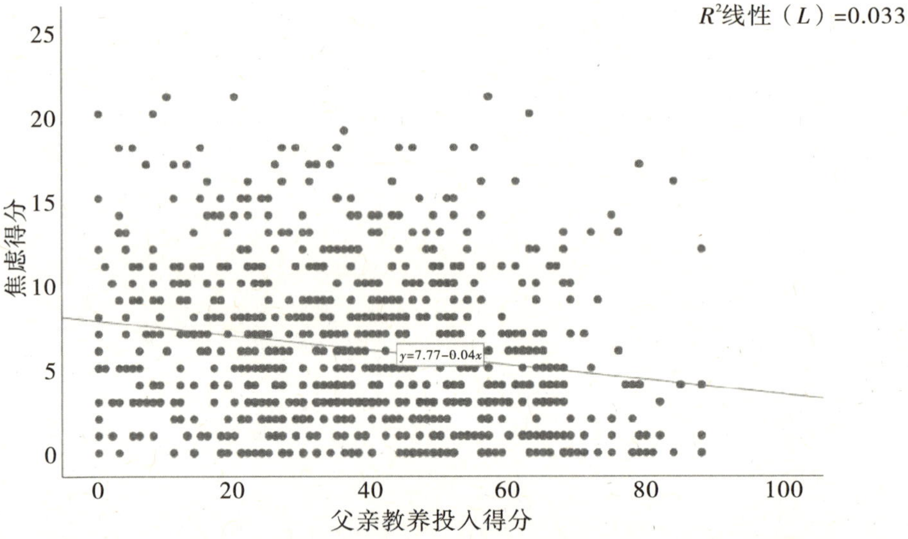

图2−58　乡村儿童焦虑水平与其父亲教养投入水平的相关性

分层回归分析：以乡村儿童焦虑水平为因变量（Y）将性别、年级作为控制变量放入回归方程第一层，以乡村儿童父亲教养投入水平作为自变量（X）放入回归方程第二层。分析结果显示，父亲教养投入水平对乡村儿童焦虑水平的预测显著（β=−0.18，p＜0.001）。说明随着父亲教养投入增加，乡村儿童出现中度及以上焦虑问题的可能性降低。回归分析结果见表2−12。

表2-12　对乡村儿童焦虑水平的回归分析

项目	标准回归系数β	t	显著性p
模型一			
性别	0.08	2.37	0.018
年级	−0.02	−0.71	0.480
模型二			
性别	0.07	1.93	0.054
年级	−0.04	−1.10	0.272
父亲教养投入水平	−0.18	−5.18	0.000

相关分析结果显示，乡村儿童问题行为水平与其父亲教养投入水平呈显著负相关（r=−0.14，p＜0.001）（见图2-59），父亲教养投入越高的乡村儿童，其问题行为越少。

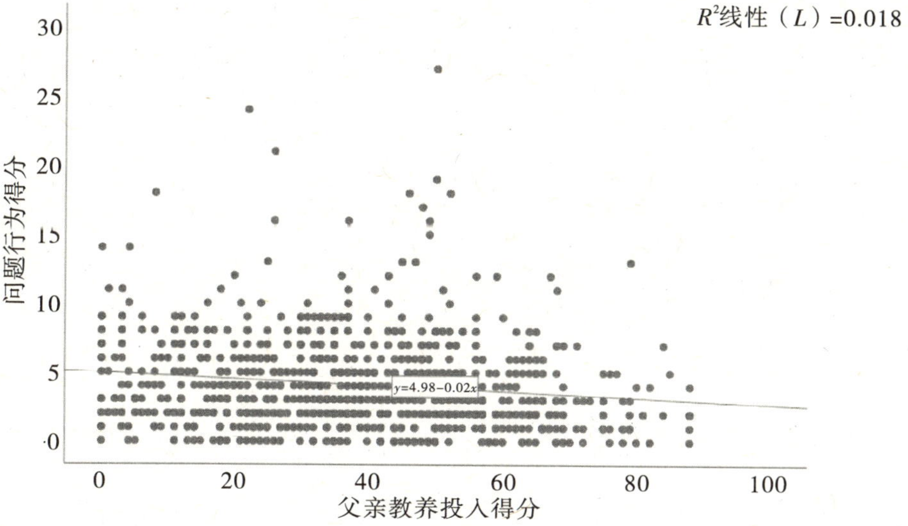

图2-59　乡村儿童问题行为水平与其父亲教养投入程度的相关性

分层回归分析：以乡村儿童问题行为水平为因变量（Y）将性别、年级作为控制变量放入回归方程第一层，以乡村儿童父亲教养投入水平作为自变量（X）放入回归方程第二层。分析结果显示，乡村儿童的性别与父亲教养投入水平对乡村儿童问题行为水平的预测显著（β=–0.15，p＜0.001）。说明随着父亲教养投入增加，乡村儿童出现问题行为的可能性降低。回归分析结果见表2–13。

表2–13　对乡村儿童问题行为水平的回归分析

项目	标准回归系数β	t	显著性p
模型一			
性别	−0.14	−4.08	0.000
年级	0.01	0.19	0.847
模型二			
性别	−0.16	−4.55	0.000
年级	0.00	−0.10	0.924
父亲教养投入水平	−0.15	−4.34	0.000

2. 同伴关系

进入小学以后，个体与同伴共度的时间显著增加，同伴关系对个体的社会适应具有直接和深远的影响。

本次调查采用同伴关系量表（简版）作为测量工具。调查结果显示，乡村儿童同伴关系的平均分为16.8 ± 6.9。独立样本T检验分析发现，小学男生同伴关系（17.0 ± 7.1）稍好于小学女生（16.7 ± 6.9），但是性别差异没有达到显著水平（见图2–60）。

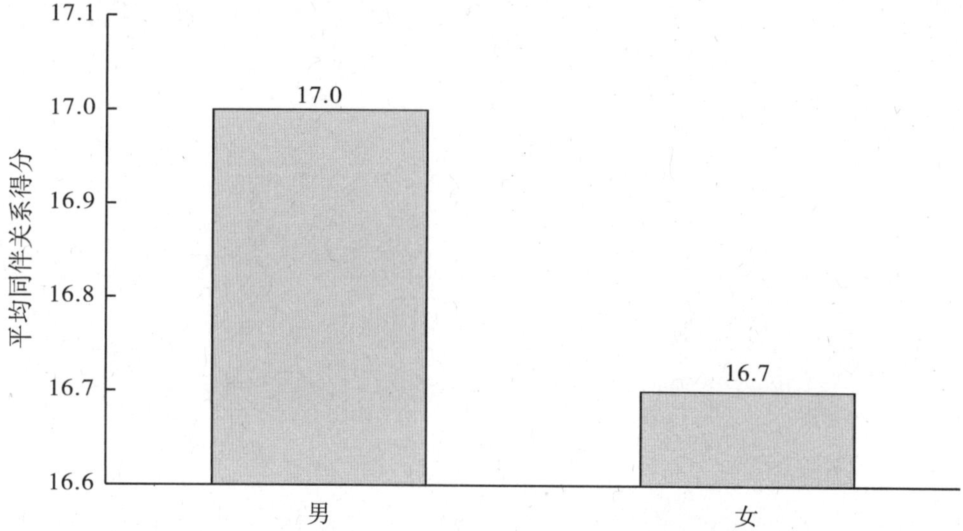

图2-60　乡村儿童同伴关系质量的性别差异

相关分析结果显示，乡村儿童抑郁水平与其同伴关系质量呈显著负相关（r=–0.53，p＜0.001）（见图2-61），同伴关系越好的乡村儿童，其抑郁水平越低。

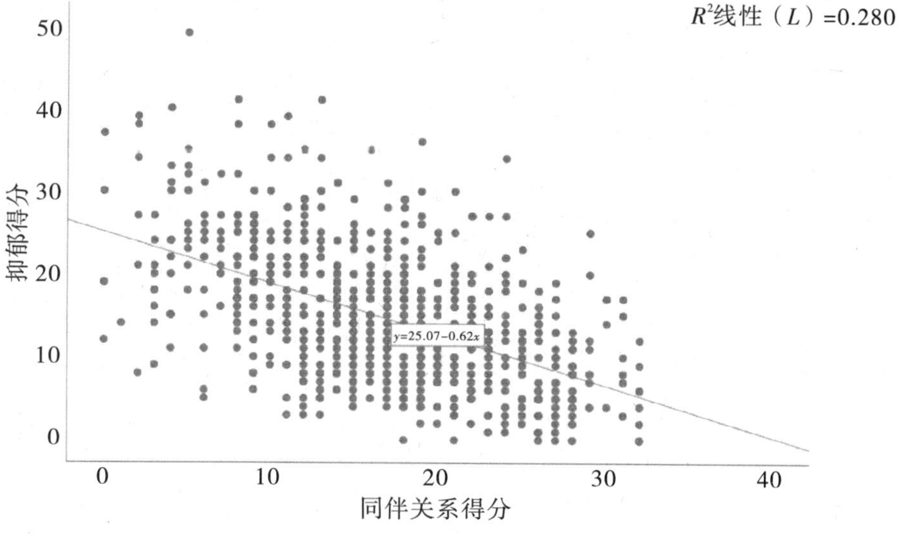

图2-61　乡村儿童抑郁水平与其同伴关系质量的相关性

分层回归分析：以乡村儿童抑郁水平为因变量（Y）将性别、年级作为控制变量放入回归方程第一层，以乡村儿童同伴关系质量作为自变量（X）

放入回归方程第二层。分析结果显示，性别与同伴关系质量对抑郁水平的预测显著（β=-0.53，p＜0.001）。说明乡村儿童同伴关系越好，他们出现抑郁问题的可能性越低。回归分析结果见表2-14。

表2-14 对乡村儿童抑郁水平的回归分析

项目	标准回归系数β	t	显著性p
模型一			
性别	0.10	2.70	0.007
年级	0.05	1.43	0.154
模型二			
性别	0.09	2.87	0.004
年级	0.06	1.98	0.048
同伴关系质量	−0.53	−17.69	0.000

相关分析结果显示，乡村儿童焦虑水平与其同伴关系质量呈显著负相关（r=-0.3，p＜0.001）（见图2-62），同伴关系越好的乡村儿童，其焦虑水平越低。

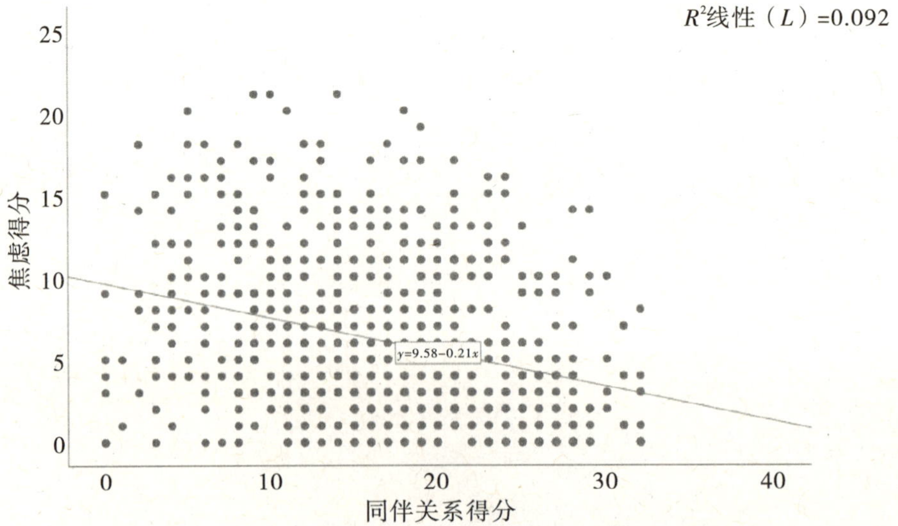

图2-62 乡村儿童焦虑水平与其同伴关系质量的相关性

分层回归分析：以乡村儿童焦虑水平为因变量（Y）将性别、年级作为控制变量放入回归方程第一层，以乡村儿童同伴关系质量作为自变量（X）放入回归方程第二层。分析结果显示，性别与同伴关系质量对焦虑水平的预测显著（β=-0.3，$p<0.001$）。说明乡村儿童同伴关系越好，他们出现中度及以上焦虑问题的可能性越低。回归分析结果见表2-15。

表2-15 对乡村儿童焦虑水平的回归分析

项目	标准回归系数β	t	显著性p
模型一			
性别	0.07	2.09	0.037
年级	−0.01	−0.43	0.669
模型二			
性别	0.07	2.03	0.043
年级	−0.01	−0.25	0.801
同伴关系质量	−0.30	−9.11	0.000

相关分析结果显示，乡村儿童问题行为水平与其同伴关系质量呈显著负相关（r=-0.15，$p<0.001$）（见图2-63），同伴关系越好的乡村儿童，其问题行为得分越低。

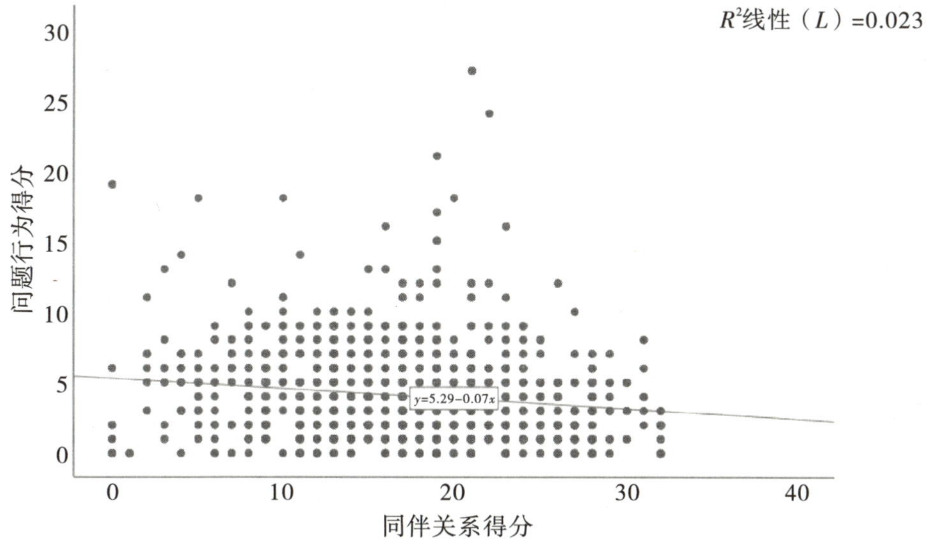

图2-63 乡村儿童问题行为水平与其同伴关系质量的相关性

分层回归分析：以乡村儿童问题行为水平为因变量（Y）将性别、年级作为控制变量放入回归方程第一层，乡村儿童同伴关系质量作为自变量（X）放入回归方程第二层。分析结果显示，性别与同伴关系质量对问题行为水平的预测显著（β=–0.16，$p<0.001$）。说明乡村儿童同伴关系越好，他们出现问题行为的可能性越低。回归分析结果见表2–16。

表2–16　对乡村儿童问题行为水平的回归分析

项目	标准回归系数β	t	显著性p
模型一			
性别	−0.14	−4.02	0.000
年级	0.02	0.46	0.643
模型二			
性别	−0.15	−4.21	0.000
年级	0.02	0.61	0.545
同伴关系质量	−0.16	−4.55	0.000

（四）个人品质因素差异

个人品质因素是决定乡村儿童在挫折与逆境环境中是否能够保持心理健康的重要因素。本研究中考察的个人品质因素包括以下两个方面：自尊与坚毅力。

1. 自尊

本次调查使用罗森伯格编制的自尊量表作为测量工具。调查结果表明，乡村儿童自尊平均分为26.3 ± 4.6。独立样本T检验分析发现，乡村儿童自尊水平的性别差异显著（t=5.48，$p<0.001$）。小学男生自尊水平（27.2 ± 4.5）显著高于小学女生（25.5 ± 4.5）（见图2–64）。

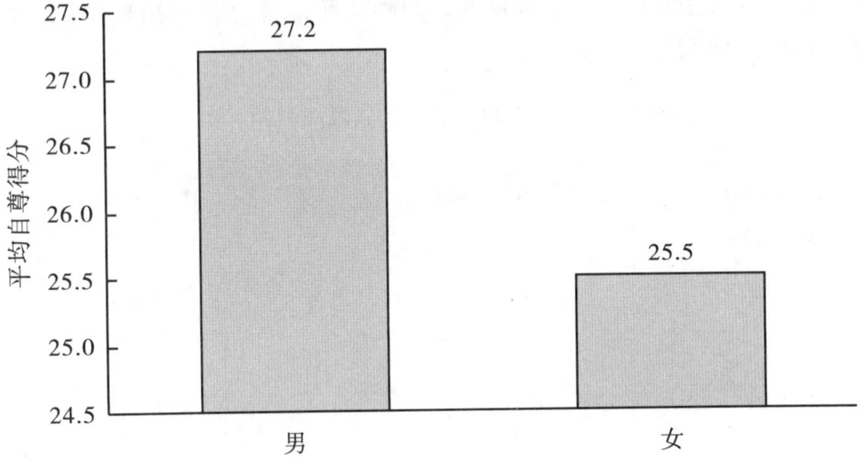

图2-64　乡村儿童自尊水平的性别差异

相关分析结果显示，乡村儿童抑郁水平与其自尊水平呈显著负相关（$r=-0.64$，$p<0.001$）（见图2-65），乡村儿童自尊水平越高，其抑郁水平越低。

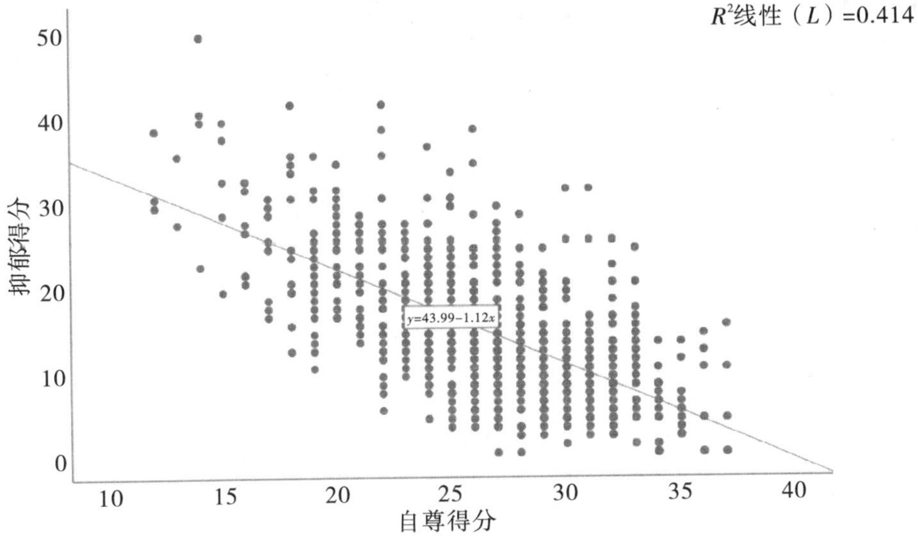

图2-65　乡村儿童抑郁水平与自尊水平的相关性

分层回归分析：以乡村儿童抑郁水平为因变量（Y）将性别、年级作为控制变量放入回归方程第一层，以乡村儿童自尊水平作为自变量（X）放入回归方程第二层。分析结果显示，乡村儿童自尊水平对抑郁水平的预测显著

(β=-0.65，p＜0.001)。说明乡村儿童自尊水平越高，他们出现抑郁问题的可能性越低。回归分析结果见表2-17。

表2-17　对乡村儿童抑郁水平的回归分析

项目	标准回归系数β	t	显著性p
模型一			
性别	0.10	2.75	0.006
年级	0.06	1.58	0.116
模型二			
性别	−0.02	−0.86	0.392
年级	0.00	0.07	0.941
自尊水平	−0.65	−23.20	0.000

相关分析结果显示，乡村儿童焦虑水平与其自尊水平呈显著负相关(r=-0.48，p＜0.001)(见图2-66)，乡村儿童自尊水平越高，其焦虑水平越低。

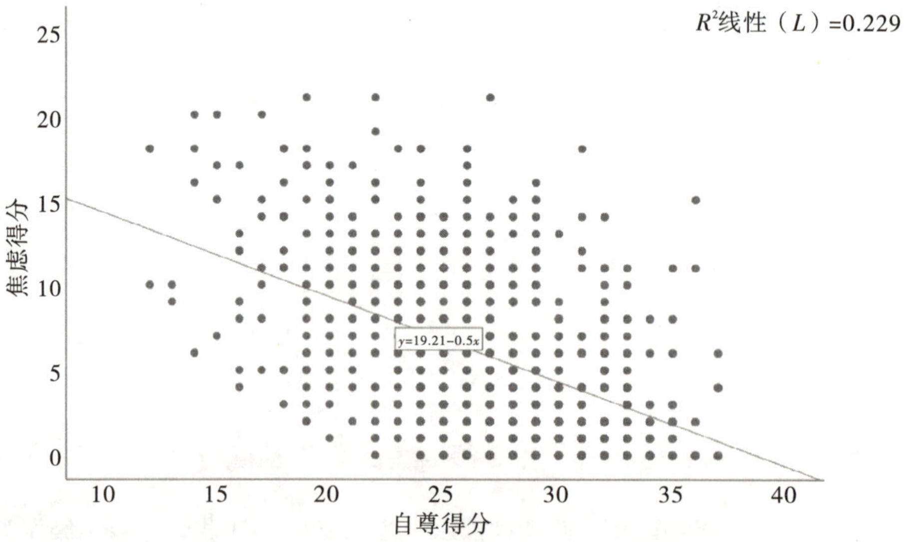

图2-66　乡村儿童焦虑水平与其自尊水平的相关性

分层回归分析：以乡村儿童焦虑水平为因变量（Y）将性别、年级作为控制变量放入回归方程第一层，以乡村儿童自尊水平作为自变量（X）放入回归方程第二层。分析结果显示，乡村儿童自尊水平对焦虑水平的预测显著（β=-0.49，p＜0.001）。说明乡村儿童自尊水平越高，他们出现中度及以上焦虑问题的可能性越低。回归分析结果见表2-18。

表2-18　对乡村儿童焦虑水平的回归分析

项目	标准回归系数β	t	显著性p
模型一			
性别	0.07	2.05	0.040
年级	−0.01	−0.18	0.854
模型二			
性别	−0.02	−0.60	0.550
年级	−0.05	−1.50	0.134
自尊水平	−0.49	−15.50	0.000

相关分析结果显示，乡村儿童问题行为水平与其自尊水平呈显著负相关（r=-0.23，p＜0.001）（见图2-67），乡村儿童自尊水平越高，其问题行为越少。

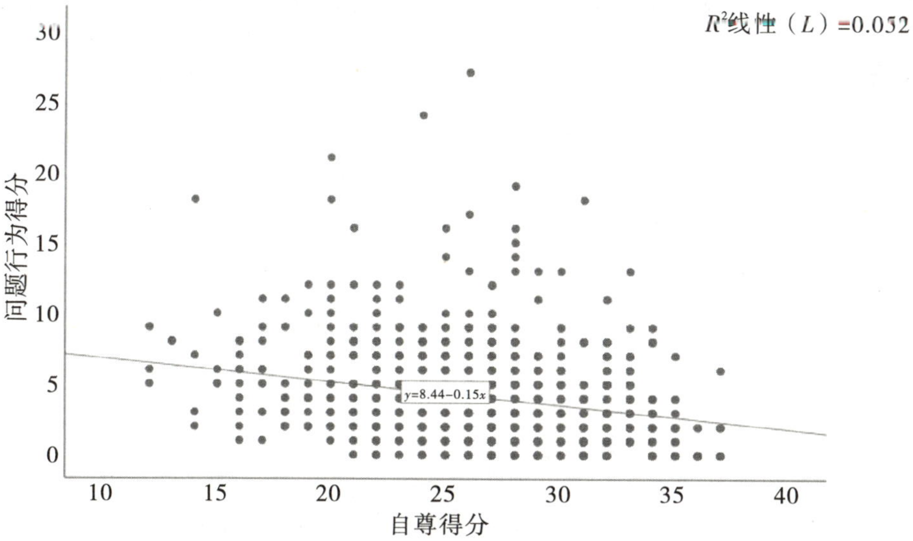

图2-67　乡村儿童问题行为水平与其自尊水平的相关性

分层回归分析：以乡村儿童问题行为水平为因变量（Y）将性别、年级作为控制变量放入回归方程第一层，以乡村儿童自尊水平作为自变量（X）放入回归方程第二层。分析结果显示，乡村儿童的性别和自尊水平对乡村儿童问题行为水平的预测显著（β=−0.49，p＜0.001）。说明乡村儿童自尊水平升高，他们出现问题行为的可能性越低。回归分析结果见表2–19。

表2–19　对乡村儿童问题行为水平的回归分析

项目	标准回归系数β	t	显著性p
模型一			
性别	−0.14	−4.07	0.000
年级	0.02	0.46	0.646
模型二			
性别	−0.19	−5.62	0.000
年级	0.00	−0.08	0.937
自尊水平	−0.26	−7.61	0.000

2. 坚毅力

本次调查采用坚毅力量表作为测量工具，由小学三年级到六年级学生作答，考察了乡村儿童坚毅力的三个子维度，分别为兴趣稳定性、坚持不懈的努力和坚定。调查结果显示乡村儿童的平均坚毅力总得分为（41.0 ± 7.4），三项子维度的平均得分分别为：兴趣稳定性（13.8 ± 3.1）、坚持不懈的努力（14.2 ± 3.5）、坚定（13.0 ± 3.7）（见图2–68）。

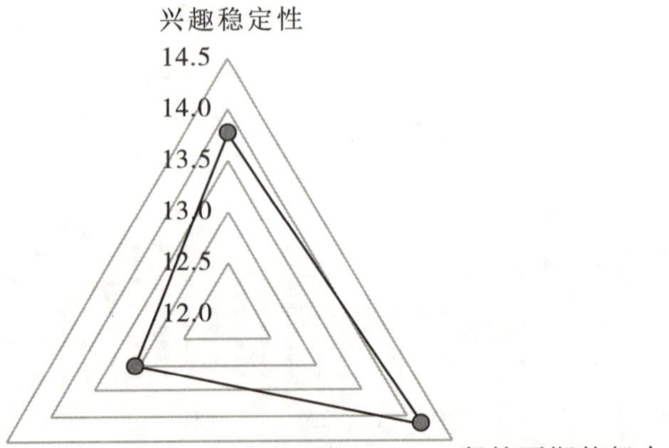

图2–68　乡村儿童坚毅力子维度雷达图

独立样本T检验显示，小学女生坚毅力总体得分（41.1 ± 7.3）稍高于小学男生（40.9 ± 7.5）。

在坚毅力的三个子维度方面，独立样本T检验分析显示，小学男生的兴趣稳定性平均得分（13.9 ± 3.2）稍高于小学女生（13.7 ± 3.1）；小学女生的坚持不懈的努力平均得分（14.3 ± 3.4）稍高于小学男生（14.1 ± 3.6）；小学女生的坚定平均得分（13.1 ± 3.6）稍高于小学男生（13.0 ± 3.7）。分析显示，各个子维度在性别上不存在显著性差异。

考察乡村儿童抑郁与其坚毅力的关系，相关分析结果显示，乡村儿童抑郁水平与坚毅力水平呈显著负相关（r=−0.50，p＜0.001）。抑郁得分与坚毅力三个子维度中的坚持不懈的努力得分的负相关性最高（r=−0.42，p＜0.001）（见图2–69），乡村儿童坚毅力水平越高，其抑郁水平越低。

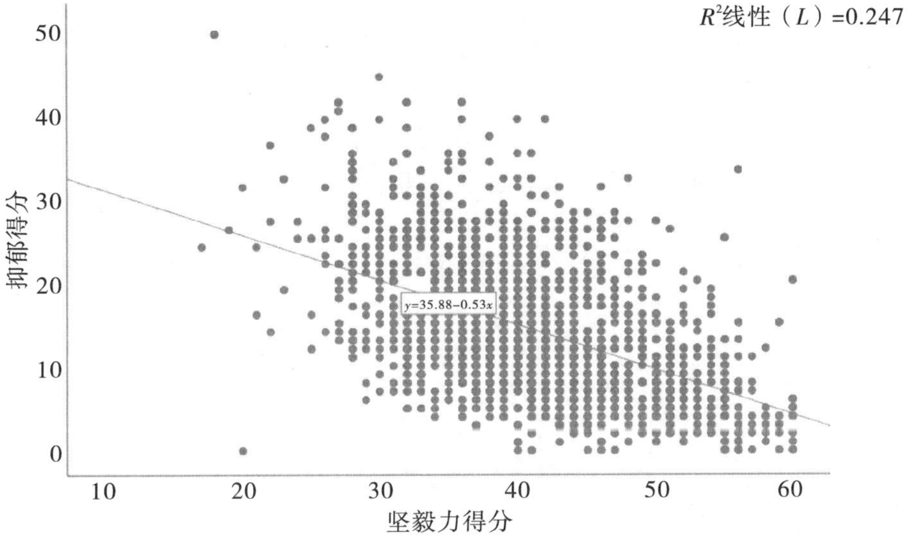

图2–69　乡村儿童抑郁水平与其坚毅力水平的相关性

分层回归分析：以乡村儿童抑郁水平为因变量（Y）将性别、年级作为控制变量放入回归方程第一层，以乡村儿童坚毅力水平作为自变量（X）放入回归方程第二层。分析结果显示，乡村儿童的性别和坚毅力水平对抑郁水平的预测显著（β=−0.50，p＜0.001）。说明乡村儿童坚毅力水平越高，他们出现抑郁问题的可能性越低。回归分析结果见表2–20。

表2-20　对乡村儿童抑郁水平的回归分析

项目	标准回归系数β	t	显著性p
模型一			
性别	0.06	2.35	0.019
年级	0.05	2.13	0.033
模型二			
性别	0.06	2.82	0.005
年级	0.01	0.37	0.708
坚毅力水平	−0.50	−23.37	0.000

考察乡村儿童焦虑水平与其坚毅力的关系，相关分析结果显示，焦虑水平与坚毅力水平呈显著负相关（$r=-0.32$，$p<0.001$）（见图2-70）。焦虑得分与坚毅力的三个子维度中的兴趣稳定性得分的负相关性最高（$r=-0.30$，$p<0.001$），乡村儿童坚毅力水平越高，其焦虑水平越低。

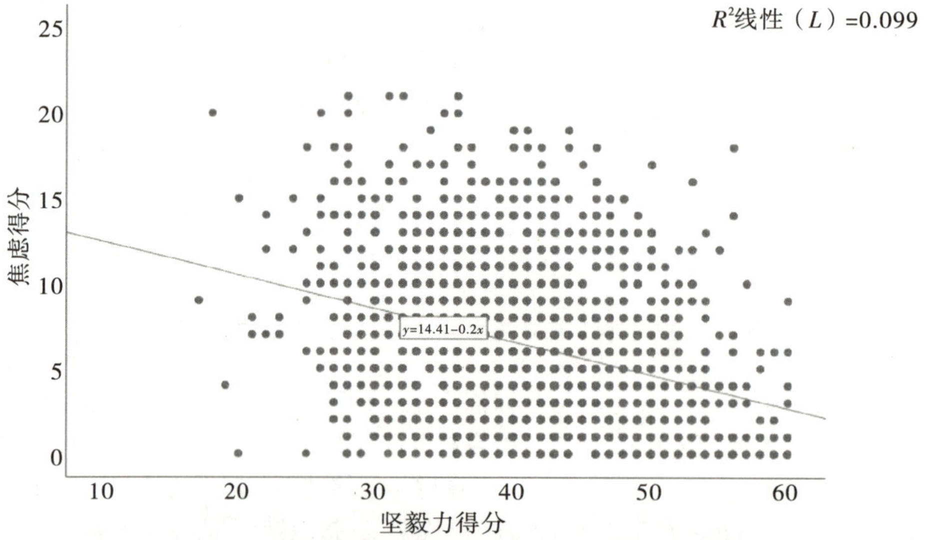

图2-70　乡村儿童焦虑水平与坚毅力水平的相关性

分层回归分析：以乡村儿童焦虑水平为因变量（Y）将性别、年级作为控制变量放入回归方程第一层，以乡村儿童坚毅力水平作为自变量（X）放入回归方程第二层。分析结果显示，乡村儿童的性别、年级和坚毅力水平对焦虑水平的预测显著（β=−0.32，$p<0.001$）。说明乡村儿童坚毅力水平越高，他们出现中度及以上焦虑问题的可能性越低。回归分析结果见表2–21。

表2–21 对乡村儿童焦虑水平的回归分析

项目	标准回归系数β	t	显著性p
模型一			
性别	0.05	2.06	0.040
年级	−0.06	−2.61	0.009
模型二			
性别	0.05	2.33	0.020
年级	−0.09	−4.07	0.000
坚毅力水平	−0.32	−14.19	0.000

考察乡村儿童问题行为与其坚毅力的关系，相关分析结果显示，问题行为水平与坚毅力水平呈显著负相关（r=−0.34，$p<0.001$）（见图2–71）。问题行为得分与坚毅力的三个子维度中的坚持不懈的努力得分的负相关性最高（r=−0.27，$p<0.001$），乡村儿童坚毅力水平越高，其问题行为越少。

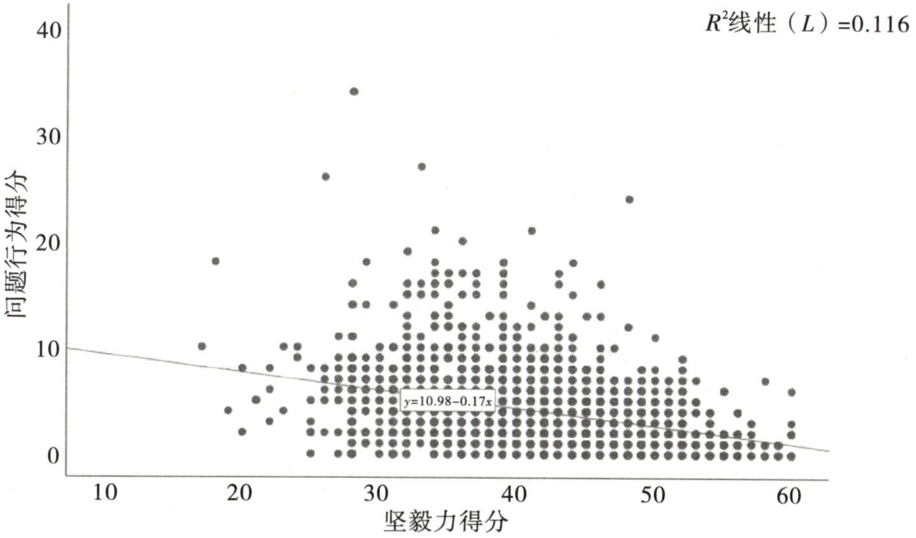

图2–71 乡村儿童问题行为水平与其坚毅力水平的相关性

分层回归分析：以乡村儿童问题行为水平为因变量（Y）将性别、年级作为控制变量放入回归方程第一层，以乡村儿童坚毅力水平作为自变量（X）放入回归方程第二层。分析结果显示，乡村儿童的性别和坚毅力水平对问题行为水平的预测显著（$\beta=-0.34$，$p<0.001$）。说明乡村儿童坚毅力水平越高，他们出现问题行为的可能性越低。回归分析结果见表2-22。

表2-22　对乡村儿童问题行为水平的回归分析

项目	标准回归系数β	t	显著性p
模型一			
性别	−0.12	−4.93	0.000
年级	−0.02	−0.75	0.453
模型二			
性别	−0.12	−5.18	0.000
年级	−0.05	−2.10	0.036
坚毅力水平	−0.34	−15.00	0.000

三、留守儿童的基本心理健康状况

6～12岁的儿童时期是个体心理发展的重要阶段，留守导致亲子分离，若儿童长期缺乏父母的照料和关爱，缺乏心理和情感的支持，则更容易出现心理问题，不利于儿童的社会功能发展。

根据2016年《国务院关于加强农村留守儿童关爱保护工作的意见》中对于农村留守儿童的定义可知，留守儿童是指父母双方外出务工或一方外出务工另一方无监护能力，无法与父母正常共同生活的不满16周岁的农村户籍未成年人。本研究中的留守儿童操作性定义是，平时既不与生父母、也不与继父母一起生活的乡村儿童。在回答了相关问题的2 423人中，留守儿童715人，占29.5%；非留守儿童1 708人，占70.5%（见图2-72）。

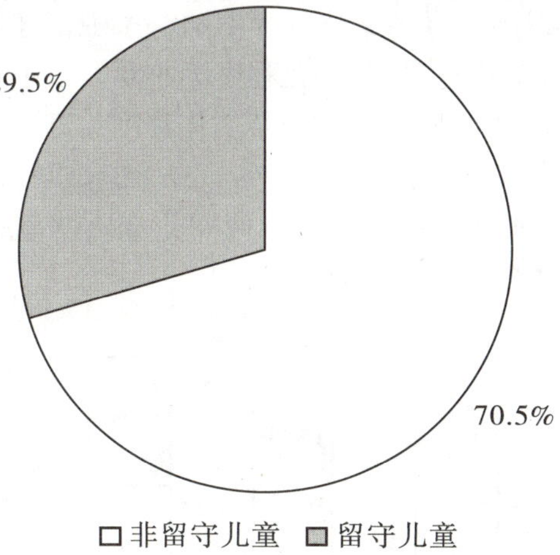

图2-72 乡村儿童中留守儿童人数百分比

以下将从父母文化程度差异、抑郁风险、焦虑风险、问题行为、自杀意念、同伴关系、自尊和坚毅力八个维度考察留守对乡村儿童心理健康的影响。

（一）父母文化程度差异

卡方检验分析得出，父亲文化程度不同，家中留守儿童人数百分比差异显著（$\chi^2=12.48$，$p<0.05$）。父亲文化程度为小学及以下和初中的家中留守儿童比例（25.9%和25.5%）显著低于父亲文化程度为高中/职高、中专/大专和大学及以上的家中留守儿童比例（29.1%、30.0%和33.7%）（见图2-73）。父亲文化程度为高中/职高及以上的家中留守儿童比例显著高于父亲文化程度为初中及以下的家中留守儿童比例。

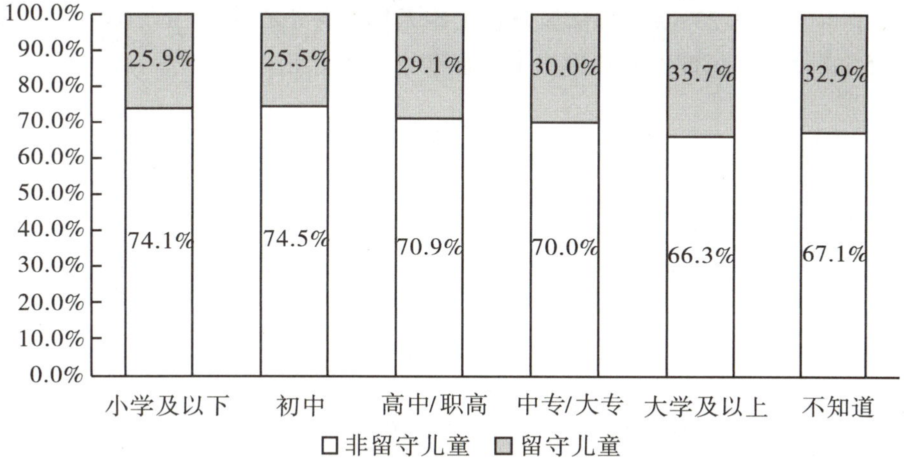

图2-73 留守儿童人数百分比的父亲文化程度差异

卡方检验分析得出，母亲文化程度不同，家中留守儿童人数百分比差异显著（χ^2=19.1，p<0.01）。母亲文化程度为小学及以下和初中的家中留守儿童比例（23.4%和25.0%）显著低于母亲文化程度为高中/职高、中专/大专和大学及以上的家中留守儿童比例（35.2%、27.6%和30.4%）（见图2–74）。母亲文化程度为高中/职高及以上的家中留守儿童比例显著高于母亲文化程度为初中及以下的家中留守儿童比例。

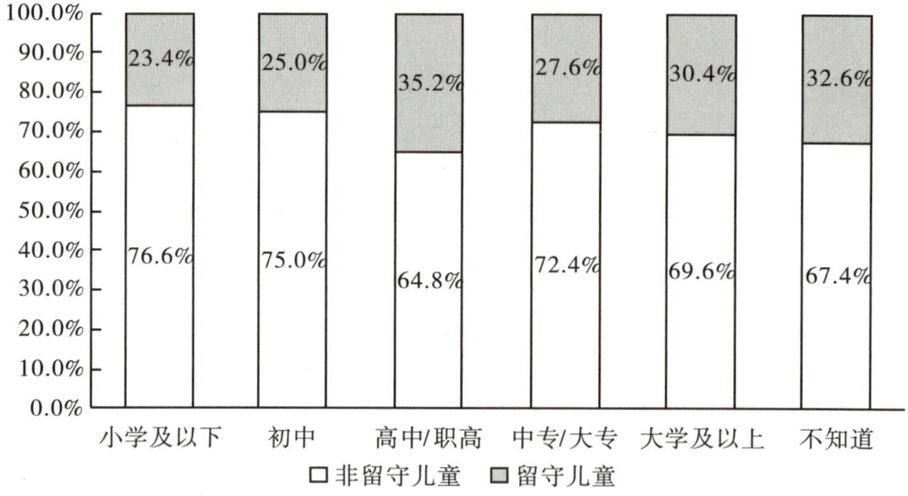

图2–74　留守儿童人数百分比的母亲文化程度差异

（二）抑郁风险

卡方检验分析得出，留守儿童抑郁风险检出率为28.5%，非留守儿童抑郁风险检出率为23.6%，抑郁风险检出率差异显著（χ^2=4.9，p<0.05）（见图2–75）。留守儿童抑郁风险检出率明显高于非留守儿童。

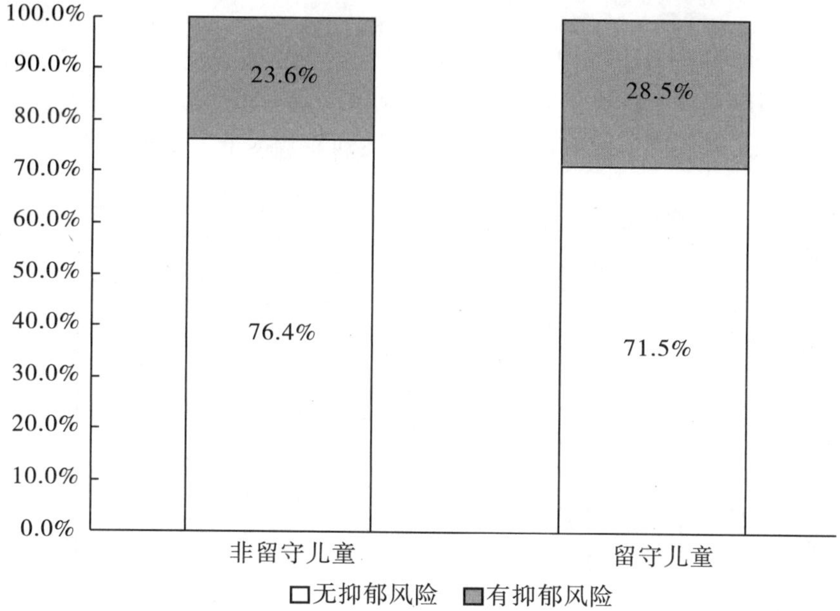

图2-75　乡村儿童抑郁风险检出率的留守差异

独立样本*T*检验显示，乡村儿童抑郁得分在是否留守上差异显著（t=3.2，$p<0.01$）。留守儿童抑郁水平（15.2 ± 8.1）显著高于非留守儿童（13.9 ± 7.8）（见图2-76）。

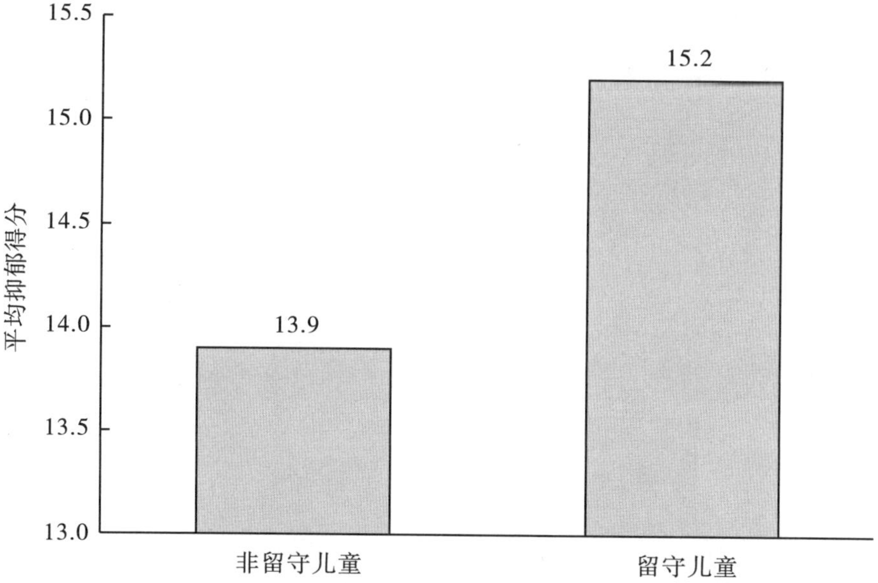

图2-76　乡村儿童抑郁水平的留守差异

（三）焦虑风险

卡方检验分析得出，留守儿童中度及以上焦虑风险检出率为27.7%，非留守儿童中度及以上焦虑风险检出率为25.0%，留守儿童稍高于非留守儿童，但是，乡村儿童焦虑风险检出率差异没有达到显著水平（见图2-77）。

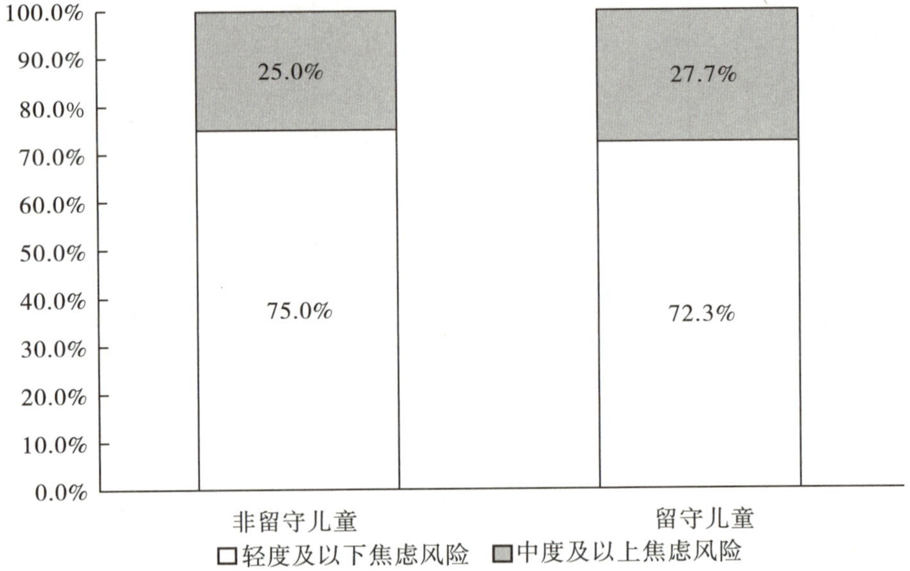

图2-77　乡村儿童焦虑风险检出率的留守差异

独立样本*T*检验分析显示，留守儿童焦虑水平（6.7 ± 4.5）稍高于非留守儿童（6.3 ± 4.6），在焦虑上的得分差异没有达到显著水平（见图2-78）。

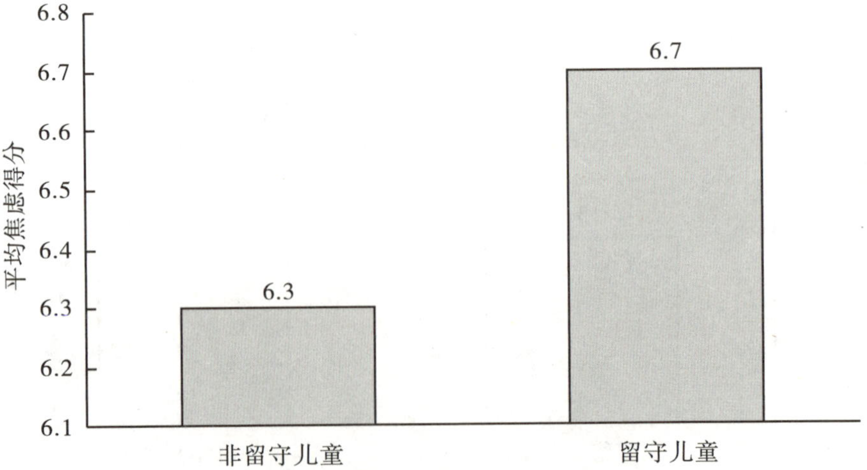

图2-78　乡村儿童焦虑水平的留守差异

（四）问题行为

独立样本*T*检验结果显示，乡村儿童问题行为得分在是否留守上差异显著（t=3.24，p＜0.01）。留守儿童（4.6 ± 3.9）的问题行为显著多于非留守儿童（4.0 ± 3.4）（见图2–79）。

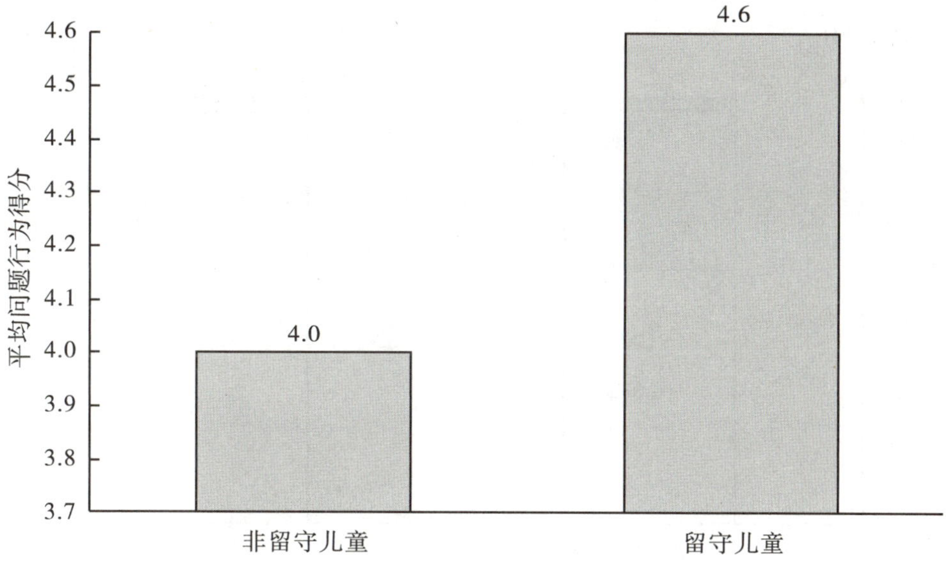

图2–79　乡村儿童问题行为水平的留守差异

留守儿童与非留守儿童问题行为发生百分比排名前五的条目一致，留守儿童问题行为发生人数百分比均高于非留守儿童。具体情况见表2–23。

表2–23　留守儿童与非留守儿童问题行为发生人数百分比（前五位）

序号	问题行为	留守儿童发生人数百分比/%	非留守儿童发生人数百分比/%
1	对性的问题想得过多	52.3	45.1
2	骂人或说脏话	43.2	41.4
3	不做作业或抄作业	34.9	30.6
4	做了不该做的事也不内疚	32.2	29.9
5	说谎骗人	31.2	29.0

（五）自杀意念

卡方检验分析得出，乡村儿童自杀意念的留守差异不显著。留守儿童中回答“想自杀”的人数百分比（3.8%）稍高于非留守儿童中回答“想自杀”的人数百分比（3.0%）。留守儿童中回答“没有想过自杀”的人数百分比（53.8%）稍低于非留守儿童中回答“没有想过自杀”的人数百分比（59.7%）（见图2–80）。

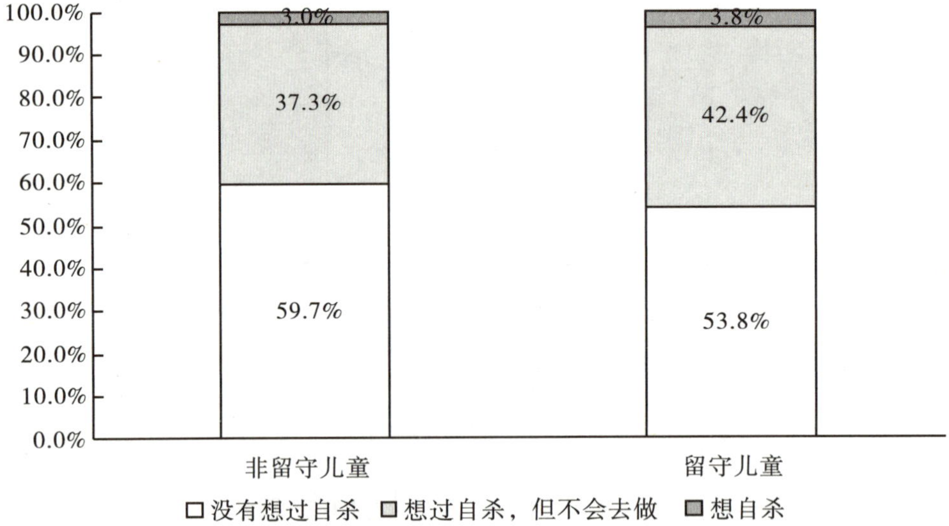

图2–80 乡村儿童自杀意念的留守差异

（六）同伴关系

独立样本*T*检验分析发现，乡村儿童的同伴关系质量在留守与否上差异显著（t=–3.28，p＜0.01）。非留守儿童同伴关系平均得分（17.3 ± 6.9）显著高于留守儿童（15.5 ± 6.9）（见图2–81）。

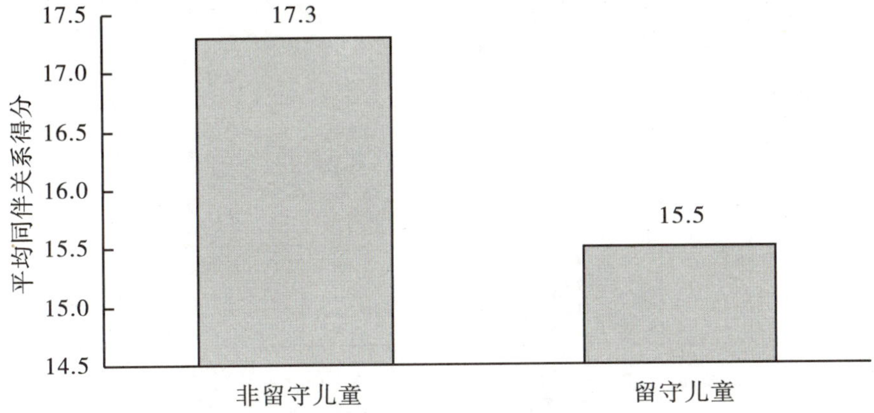

图2-81　乡村儿童同伴关系质量的留守差异

（七）自尊

独立样本*T*检验分析发现，乡村儿童的自尊水平在留守与否上差异显著（t=−2.33，$p<0.05$）。非留守儿童自尊平均得分（26.5 ± 4.6）显著高于留守儿童（25.7 ± 4.5）（见图2-82）。

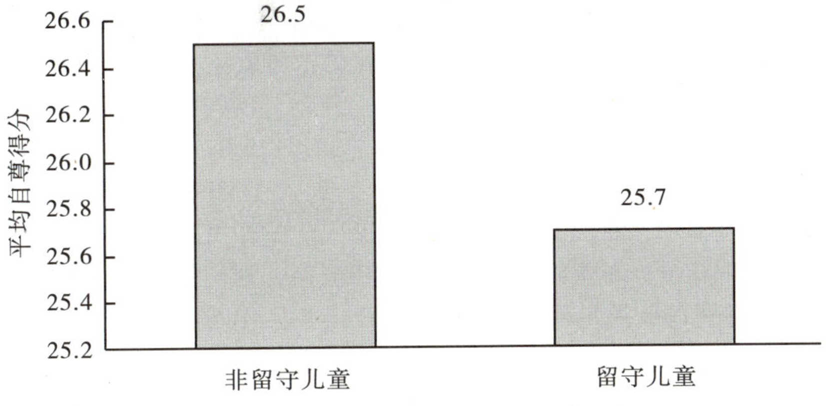

图2-82　乡村儿童自尊水平的留守差异

（八）坚毅力

独立样本*T*检验分析显示，乡村儿童的坚毅力水平在留守与否上差异显著（t=−2.37，$p<0.05$）。非留守儿童坚毅力平均得分（41.3 ± 7.5）显著高于留守儿童（40.3 ± 7.1）（见图2-83）。

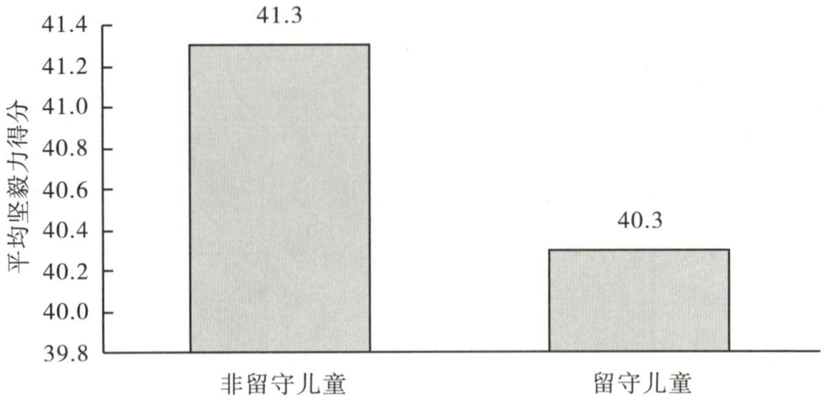

图2-83　乡村儿童坚毅力水平的留守差异

第三节　结　论

一、乡村儿童的心理健康状况堪忧

本次调查显示，乡村儿童的抑郁风险检出率为25.2%，焦虑风险检出率为25.7%，小学六年级学生的抑郁水平最高，小学女生焦虑风险检出率显著高于小学男生。按发生人数排序，乡村儿童排前三的问题行为分别为：对性的问题想得过多、骂人或说脏话、不做作业或抄作业。小学男生问题行为显著多于小学女生。

本次调查显示，有31.0%的乡村儿童睡眠质量存在问题。年级不同，乡村儿童的睡眠质量分布差异显著，随着年级升高，他们的睡眠问题呈上升趋势。乡村儿童的睡眠质量越好，他们的抑郁、焦虑水平越低，问题行为越少。

二、在乡村儿童中，留守儿童的心理健康状况更为严峻

本次调查显示，留守儿童的心理健康风险更大，留守儿童抑郁风险检出率为28.5%，留守儿童抑郁风险显著高于非留守儿童。留守儿童焦虑风险检出率为27.7%，稍高于非留守儿童。留守儿童的问题行为水平显著高于非留守儿童。乡村儿童自尊水平的留守差异显著，非留守儿童的自尊水平显著高于留守儿童。乡村儿童的坚毅力水平的留守差异显著，非留守儿童的坚毅力水平显著高于留守儿童。

三、乡村儿童自杀意念与自杀想法亟须得到关注

本次调查显示，有3.2%的乡村儿童有自杀意念，小学女生有自杀意念的人数百分比显著高于小学男生。在有抑郁风险的乡村儿童群体里，有自杀意念的人数比例显著高于无抑郁风险的乡村儿童群体。随着乡村儿童睡眠质量越好，有自杀意念人数比越少。好的睡眠质量是自杀意念有效防护因素之一。

四、教育投入是乡村儿童心理健康的有效保护性因素

本次调查显示，乡村儿童父亲教养投入程度的性别差异显著，小学男生的父亲教养投入程度显著高于小学女生。父亲教养投入越多，乡村儿童的抑郁、焦虑水平越低，问题行为越少。本次调查显示，乡村儿童的同伴关系质量的留守差异显著，非留守儿童的同伴关系质量显著高于留守儿童。同伴关系越好，乡村儿童的抑郁、焦虑水平越低，问题行为越少。良好的同伴关系是乡村儿童心理健康的保护性因素。

第三章　乡村儿童家长篇

第一节　调查对象与方法

一、研究对象

本次调查收集乡村儿童家长样本共837份，共有694份有效问卷，样本有效率为82.9%。样本的人口学变量特征为：父亲203人，占29.2%；母亲464人，占66.9%；其他角色27人，占3.9%。乡村儿童父母的年龄范围在22～72岁，平均年龄为（36.7 ± 6.1）岁，年龄的中位数为35.3岁，众数为34.9岁。其中父亲平均年龄为（39.2 ± 6.6）岁，母亲平均年龄为（35.5 ± 5.4）岁。调查对象基本情况见表3-1。

表3-1　乡村儿童家长的基本情况

分布特征	人数/人	百分比/%	分布特征	人数/人	百分比/%
家长角色			父亲文化程度		
父亲	203	29.2	小学及以下	85	12.2
母亲	464	66.9	初中	456	65.7
其他	27	3.9	高中/中专	99	14.3
户口			大学/大专	27	3.9
城镇	15	2.2	未报告	27	3.9

续上表

分布特征	人数/人	百分比/%	分布特征	人数/人	百分比/%
农村	672	96.8	母亲文化程度		
未报告	7	1.0	小学及以下	137	19.7
年龄			初中	417	60.1
29岁以下	59	8.5	高中/中专	85	12.3
30～39岁	420	60.5	大学/大专	28	4.0
40～49岁	152	21.9	未报告	27	3.9
50岁以上	20	2.9	婚姻状况		
未报告	43	6.2	已婚	606	87.3
和孩子一起生活			离异	35	5.0
是	398	57.3	再婚	22	3.2
否	296	42.7	丧偶	4	0.6
父母角色模式			未报告	27	3.9
严父慈母	236	34.0	婚姻满意度（在婚）		
慈父严母	210	30.3	非常满意	216	34.4
严父严母	94	13.5	比较满意	204	32.5
慈父慈母	127	18.3	有点满意	77	12.3
未报告	27	3.9	不确定	33	5.3
			有点不满意	63	10.0
			比较不满意	16	2.5
			非常不满意	19	3.0

注：①关于“父亲文化程度”和“母亲文化程度”的数据收集，在问卷中，除了询问填写人的文化程度，还询问了填写人配偶的文化程度；②“婚姻满意度（在婚）”作答人数为628人。

二、调查工具

（一）流调中心抑郁量表（中文简版）

美国国家心理健康中心拉德洛夫（Radloff）于1977年编制流调中心抑郁量表（Center for Epidemiological Studies Depression Scale，CES-D），被广泛用于对普通人群进行抑郁症状的筛查[73]。本次调查使用了何津等修订的CES-D中文简版[74]，评估个体1周内的抑郁水平，共9题，其中7题为正向计分，2题为负向计分。采用4点评分，从0“少于1天”到3“5～7天”，总分范围为0～27分，得分越高表明个体的抑郁风险越严重。该量表各分数段的含义如下：0～9分，代表无抑郁风险；10～16分代表抑郁低风险；17～27分代表抑郁高风险。

（二）广泛性焦虑障碍量表（简版）

广泛性焦虑障碍量表简版（Generalized Anxiety Disorder-2，GAD-2）由克朗克（Kroenke）等人在GAD-7的基础上编制[75]，该简版经国内外研究验证具有良好的敏感度和特异度[76]。量表共2题，均为正向计分。调查对象评定最近2周内焦虑感受出现的时长，采用4点评分，从0“少于1天”到3“5～7天”。得分范围为0～6分，得分越高表明焦虑水平越高，得分低于3分代表无明显焦虑风险，得分为3～6分代表存在焦虑风险。

（三）儿童问题行为量表

本研究使用的问题行为量表根据阿亨巴赫等于2001年修订的问题行为自评量表中的违纪行为分量表（如“旷课或逃学”“吸烟”等）选编，共20题，其中17题为正向计分，3题为负向计分。父母根据孩子最近半年的情况回答每项行为发生的频率，从“不符合”“有些符合或有时如此”“非常符合或常常如此”三个选项中选择最符合的一个，分别按0～2记分。总分范围为0～40分，得分越高代表问题行为越严重。

（四）亲子亲合问卷

亲子亲合主要指父母与子女之间亲密的情感联结。本研究采用王美萍和张文新修订的亲子亲合问卷[77]，测量父母与孩子的亲子亲合程度，由孩子的父亲或母亲自我报告。问卷共10题，其中6题为正向计分，4题为负向计分。采用5点评分，从0“几乎从不”到4“几乎总是”，总分为0～40分，分数越高代表亲子亲合程度越高。本次调研中乡村儿童父母使用该量表，Cronbach's α系数为0.72。

（五）简易共同养育关系量表

简易共同养育关系量表（Brief Coparenting Relationship Scale，Brief CRS）

由费恩伯格（Feinberg）等人在2012年共同开发[78]，该量表采用自我报告的方式测量共同养育的一致性、共同养育亲密、接触冲突、共同养育支持、共同养育损害、对伴侣养育的认可和家务分工，以全面评估一个家庭中父母的共同养育质量。本次调查使用了吴佳铭等人修订的CRS中文简版[79]，评估个体与配偶的共同养育质量，共14题，其中11题为正向计分，3题为负向计分。采用7点评分，从0“完全不符合”到6“完全符合”，总分为0～84分，分数越高代表共同养育质量越好。本次调研中乡村儿童父母使用该量表，Cronbach's α系数为0.80。

（六）坚毅力量表

坚毅力量表（Grit Scale）由达克沃斯（Duckworth）等人于2007年研发，广泛用于测评儿童群体坚毅力品质，具有良好的信效度。问卷一共12题，其中6题为正向记分，6题为反向记分。量表要求父母根据儿童过去半年的状况作答，按1～5记分，其中1代表“非常不符合”，2代表“比较不符合”，3代表“有点符合”，4代表“比较符合”，5代表“非常符合”。总分范围为12～48分，得分越高代表坚毅力越强。

（七）背景信息问卷

自编背景信息题，询问家长的年龄、受教育程度、家庭关系和对婚姻的满意程度等信息，以选择题为主。

三、乡村儿童家庭中的家长情况

（一）乡村儿童父母角色模式

本次调查结果显示，在667名父母中，严父慈母型占35.4%，慈父严母型占31.5%，严父严母型占14.1%，慈父慈母型占19.0%（见图3-1）。

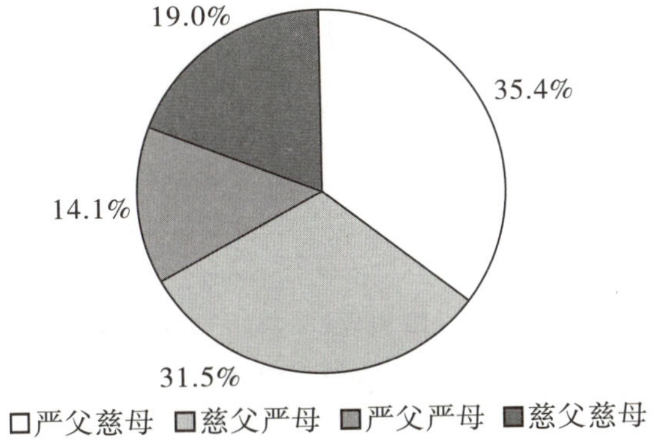

图3-1　乡村儿童父母角色模式人数百分比

（二）乡村儿童父母认可的家庭模式

本次调查描述统计显示，认可“男主外女主内”家庭模式的父母占35.8%，认可“男主内女主外”家庭模式的父母占1.1%，认可“内外都要男女分担”家庭模式的父母占51.4%，回答“无所谓”的父母占11.7%（见图3-2）。有一半多的父母认可“内外都要男女分担”的家庭模式。

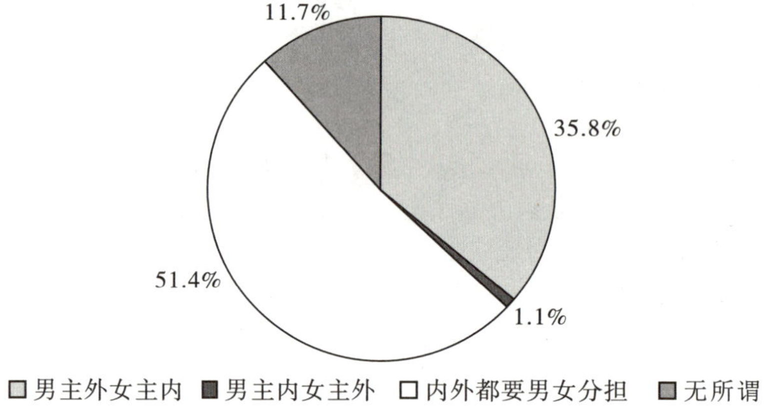

图3-2　乡村儿童父母认可的家庭模式百分比

（三）乡村儿童父母婚姻状况

调查结果显示，在667名父母中，父母的婚姻状况为已婚状态的占90.9%，离异的占5.2%，再婚的占3.3%，丧偶的占0.6%（见图3-3）。

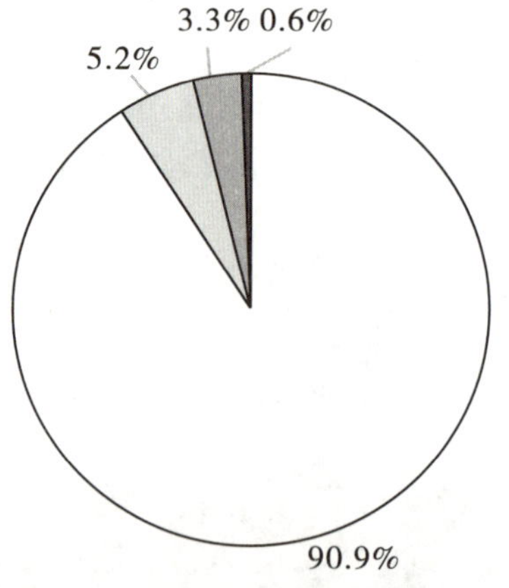

图3-3　乡村儿童父母婚姻状况百分比

（四）乡村儿童父母（在婚人群）的婚姻满意度

调查结果显示，乡村儿童父母在婚（即已婚和再婚）人群中，对婚姻感到非常满意的人群占34.4%，感到比较满意的人群占32.5%，感到有点满意的人群占12.3%，感到不确定的人群占5.3%，感到有点不满意的人群占10.0%，感到比较不满意的人群占2.5%，感到非常不满意的人群占3.0%（见图3-4）。在婚父母对婚姻倾向于满意的占79.2%，倾向于不满意的占15.5%。

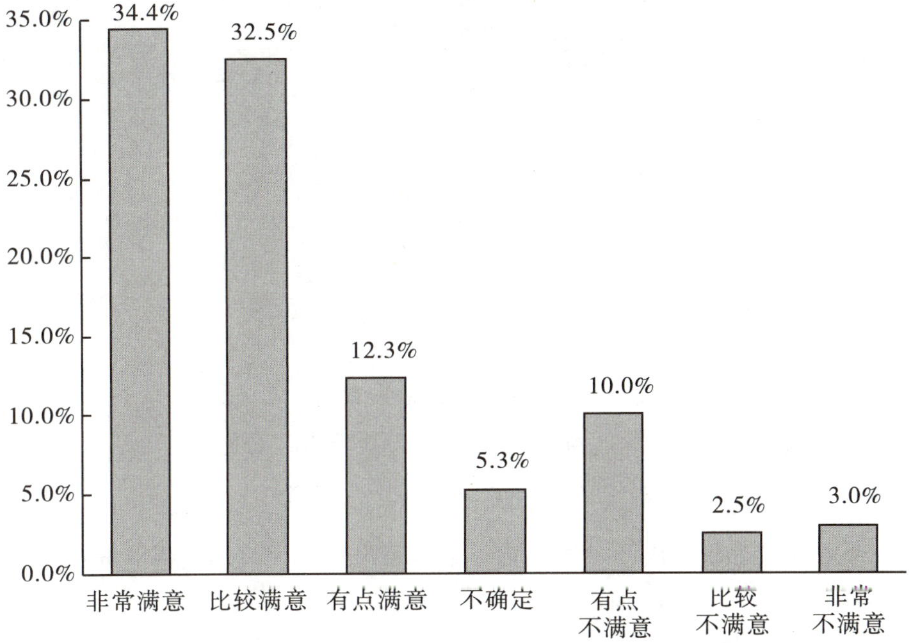

图3-4 乡村儿童父母（在婚人群）婚姻满意度的百分比

第二节 调查结果

一、乡村儿童父母的基本心理健康状况

（一）抑郁风险

抑郁是个体情绪低沉、沮丧、悲伤等多种不愉快反应综合而成的生理、社会和心理方面的多维障碍。抑郁作为一种负性情绪会严重影响到个体的认知方式、正常的学业以及人际交往活动。

本次调查采用流调中心抑郁量表（中文简版）作为测量工具。调查结果显示，乡村儿童父母的平均抑郁得分为5.0分，标准差为4.5分。有85.0%的乡村儿童父母无抑郁风险；有15.0%的乡村儿童父母有一定程度的抑郁表现，其中有2.7%的乡村儿童父母属于抑郁高风险，有12.3%的乡村儿童父母为抑郁低风险（见图3–5）。

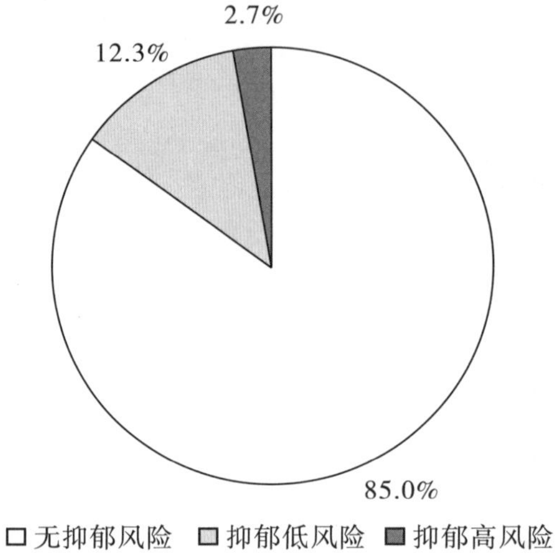

图3–5　乡村儿童父母抑郁风险检出百分比

1. 性别差异

卡方检验分析得出，乡村儿童父亲与母亲抑郁风险检出率差异不显著。*T*检验结果显示，乡村儿童父亲与母亲抑郁水平差异不显著。

2. 文化程度差异

卡方检验分析得出，文化程度不同，乡村儿童父母抑郁风险检出差异显著（$\chi^2=10.31$，$p<0.05$）。小学或以下文化程度的乡村儿童父母，无抑郁风险的人数占77.1%，抑郁低风险的人数占19.1%，抑郁高风险的人数占3.8%。初中文化程度的乡村儿童父母，无抑郁风险的人数占84.6%，抑郁低风险的人数占12.3%，抑郁高风险的人数占3.1%。高中或以上文化程度的乡村儿童父母，无抑郁风险的人数占91.4%，抑郁低风险的人数占7.9%，抑郁高风险的人数占0.7%（见图3–6）。乡村儿童父母抑郁风险检出率随着文化程度上升而呈显著下降趋势。

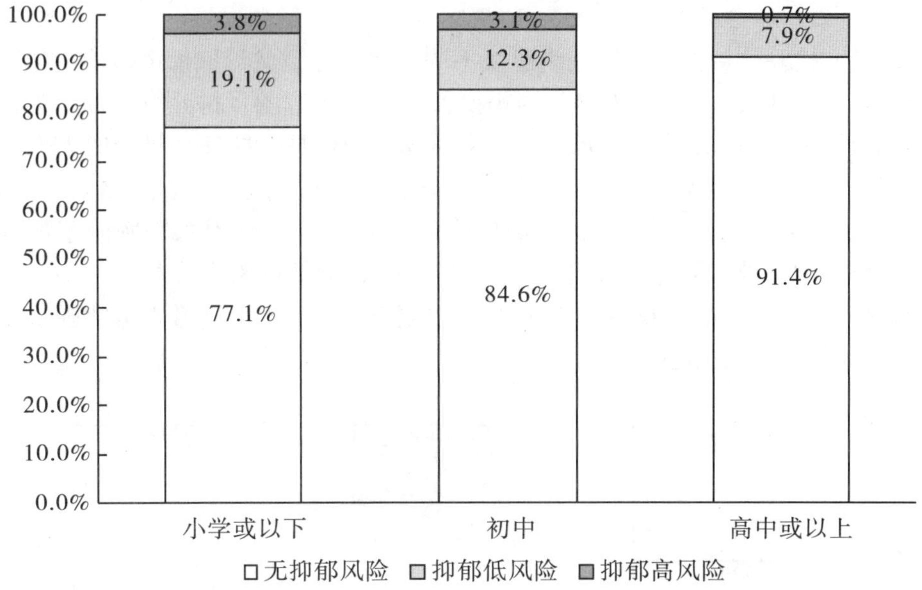

图3-6　乡村儿童父母抑郁风险检出率的文化程度差异

单因素方差分析得出，文化程度不同，乡村儿童父母抑郁水平差异显著（F=5.35，p＜0.01）。小学或以下文化程度的父母抑郁水平（6.1 ± 4.9）显著高于初中文化程度的父母抑郁水平（5.1 ± 4.5），高中或以上文化程度的父母抑郁水平（4.2 ± 3.7）最低（见图3–7）。乡村儿童父母抑郁水平呈现随文化程度增高而降低的趋势。

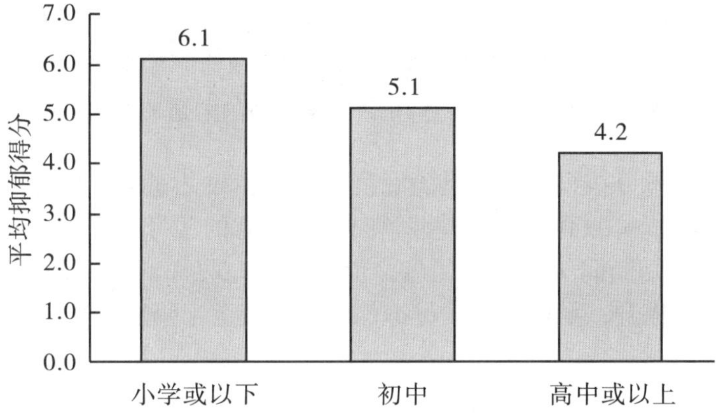

图3-7　乡村儿童父母抑郁水平的文化程度差异

3. 婚姻满意度差异

卡方检验分析得出，婚姻满意度不同，乡村儿童父母抑郁风险检出率差异显著（χ^2=19.58，p＜0.01）。对婚姻倾向于不满意的乡村儿童父母，无抑郁风险的人数占71.4%，抑郁低风险的人数占23.5%，抑郁高风险的人数占5.1%。婚姻满意度不确定的乡村儿童父母，无抑郁风险的人数占75.8%，抑郁低风险的人数占21.2%，抑郁高风险的人数占3.0%。对婚姻倾向于满意的乡村儿童父母，无抑郁风险的人数占87.9%，抑郁低风险的人数占10.1%，抑郁高风险的人数占2.0%（见图3-8）。乡村儿童父母抑郁人数百分比随着婚姻满意度上升而呈现显著下降趋势。

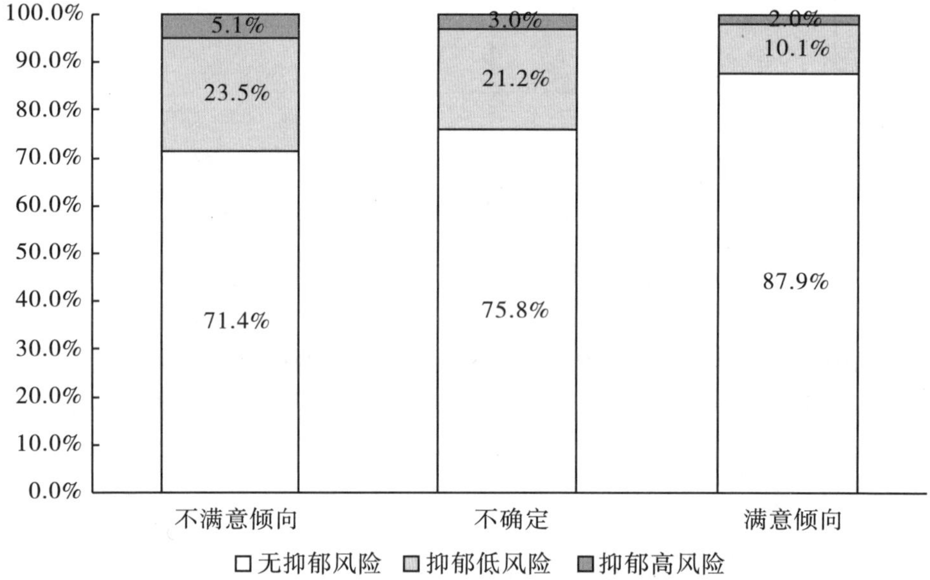

图3-8　乡村儿童父母抑郁风险检出率的婚姻满意度差异

单因素方差分析显示，婚姻满意度不同，乡村儿童父母抑郁水平差异显著（F=13.77，p＜0.001）。对婚姻倾向于不满意的父母抑郁水平（6.7 ± 5.1）显著高于对婚姻倾向于满意的父母抑郁水平（4.5 ± 4.2）（见图3-9）。随着婚姻满意度的提升，乡村儿童父母抑郁水平呈显著下降趋势。

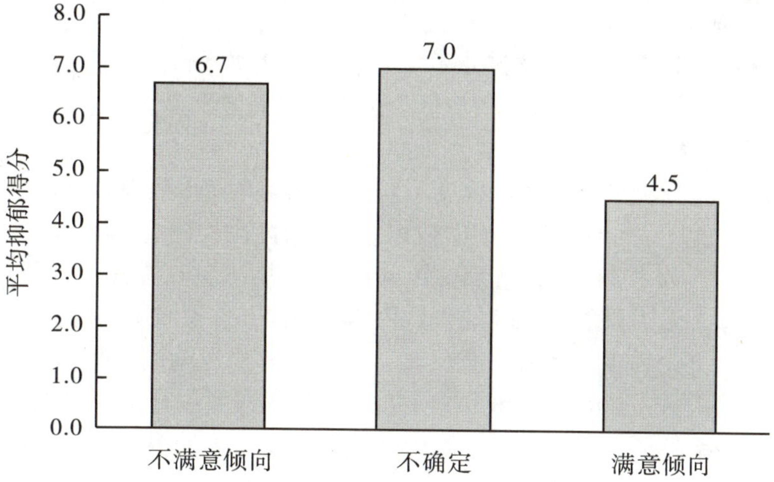

图3-9　乡村儿童父母抑郁水平的婚姻满意度差异

（二）焦虑风险

焦虑是每个人都会体验到的心理状态，适度的焦虑能够提高工作效率，更有效地解决问题；但是，过度的焦虑会让人感到痛苦，并影响工作与健康。

本次调查采用广泛性焦虑障碍量表简版（GAD-2）作为测量工具。调查结果显示，乡村儿童父母的平均焦虑得分为1.2分，标准差为1.4分。无明显焦虑风险的乡村儿童父母占85.2%，有焦虑风险的乡村儿童父母占14.8%（见图3-10）。乡村儿童父母的焦虑风险检出率为14.8%。

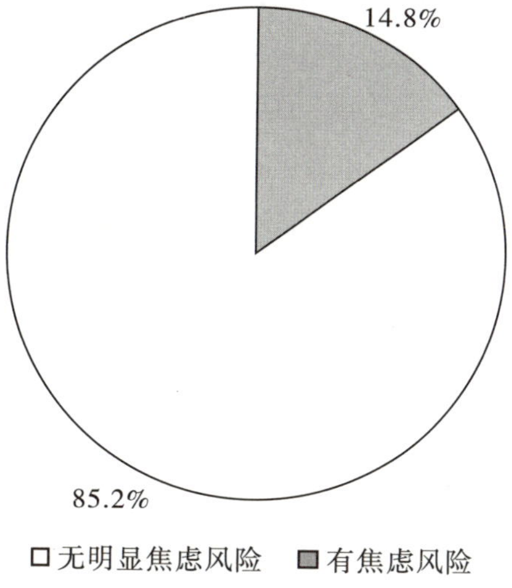

图3-10　乡村儿童父母焦虑风险检出率

1. 性别差异

卡方检验分析得出，乡村儿童父亲与母亲焦虑风险检出率差异不显著。*T*检验结果显示，乡村儿童父亲与母亲焦虑水平差异不显著。

2. 文化程度差异

卡方检验分析得出，文化程度不同，乡村儿童父母焦虑风险检出率差异显著（χ^2=7.49，$p<0.05$）。小学或以下文化程度的乡村儿童父母，无明显焦虑风险的人数占83.2%，有焦虑风险的人数占16.8%。初中文化程度的乡村儿童父母，无明显焦虑风险的人数占84.1%，有焦虑风险的人数占15.9%。高中或以上文化程度的乡村儿童父母，无明显焦虑风险的人数占93.2%，有焦虑风险的人数占6.8%（见图3-11）。随着文化程度提高，乡村儿童父母焦虑风险检出率呈显著下降趋势。高中或以上文化程度的乡村儿童父母焦虑风险检出率最低。

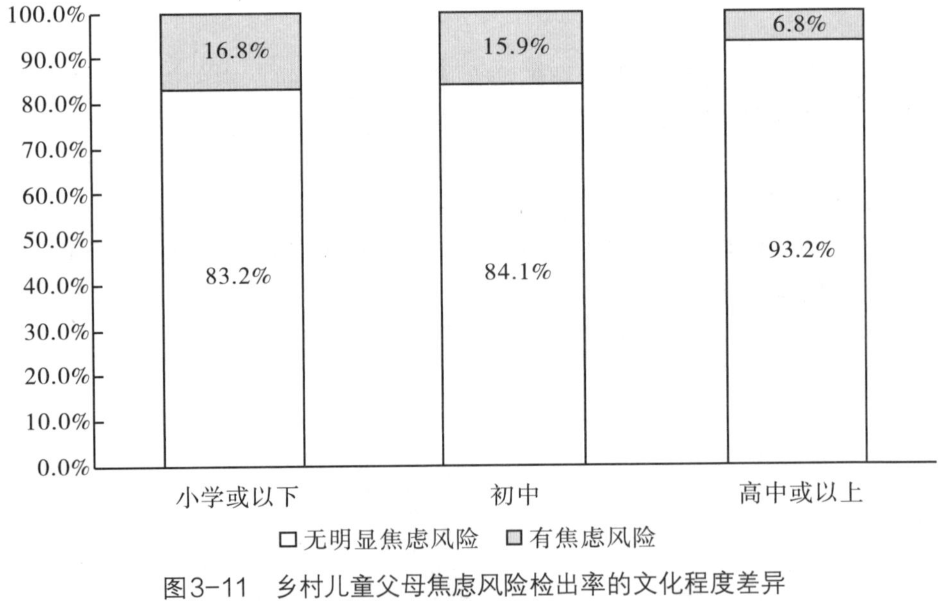

图3-11　乡村儿童父母焦虑风险检出率的文化程度差异

单因素方差分析得出，乡村儿童父母焦虑水平的文化程度差异不显著。

3. 婚姻满意度差异

卡方检验分析得出，婚姻满意度不同，乡村儿童父母焦虑风险检出率差异显著（χ^2=6.55，$p<0.05$）。对婚姻倾向于不满意的乡村儿童父母，无明显焦虑风险的人数占77.6%，有焦虑风险的人数占22.4%。婚姻满意度不确定的乡村儿童父母，无明显焦虑风险的人数占87.9%，有焦虑风险的人数占12.1%。对婚姻倾向于满意的乡村儿童父母，无明显焦虑风险的人数占87.3%，有焦虑风险的人数占12.7%（见图3-12）。乡村儿童父母焦虑风险检出率随着婚姻满意度上升而呈现显著下降趋势。

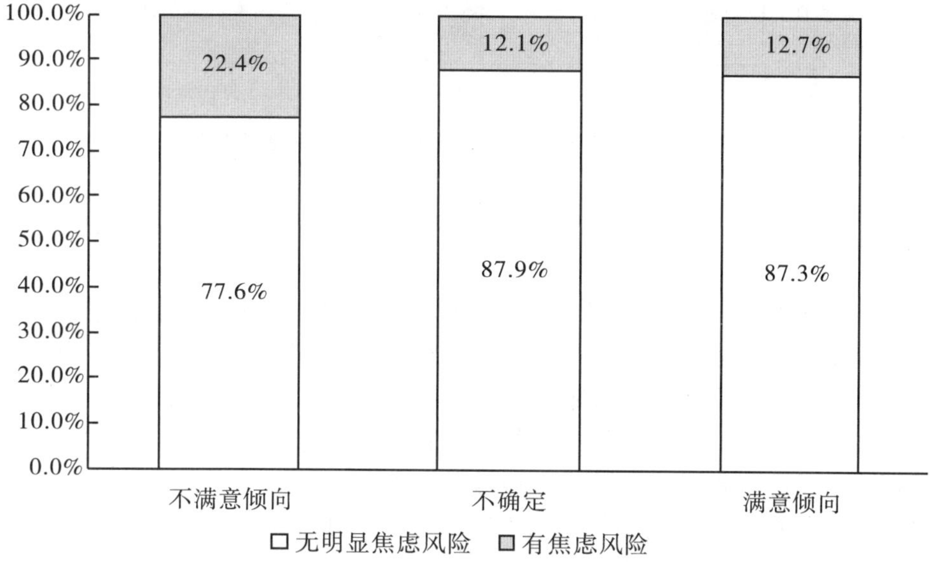

图3-12 乡村儿童父母焦虑风险检出率的婚姻满意度差异

单因素方差分析结果显示，婚姻满意度不同，乡村儿童父母焦虑水平存在显著差异（F=7.67，$p<0.01$）。对婚姻倾向于不满意的父母焦虑水平（1.5 ± 1.6）显著高于对婚姻倾向于满意的父母（1.0 ± 1.4）（见图3-13）。随着婚姻满意度上升，乡村儿童父母焦虑水平呈下降趋势。

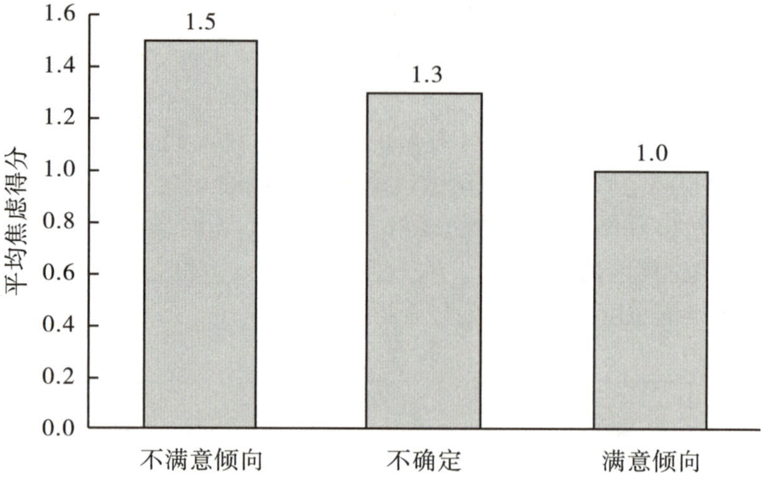

图3-13　乡村儿童父母焦虑水平的婚姻满意度差异

二、父母报告的乡村儿童心理健康状况

问题行为是儿童、青少年在成长和发展中出现的妨碍学习、品德和性格健康发展的不正常行为，以及给家庭、社会和学校教育带来麻烦的行为。问题行为是儿童、青少年阶段较为突出的问题之一。

本调查中，父母也填写选编的问题行为量表，报告乡村儿童的问题行为情况。由父母报告时，乡村儿童问题行为平均分为2.5分，标准差为2.7分。乡村儿童父母报告的问题行为水平远低于乡村儿童自我报告的问题行为水平。乡村儿童自我报告的问题行为中，回答“常常如此”时人数排行第一的“对性的问题想得过多”在父母报告里排行倒数第二。父母报告的乡村儿童问题行为发生人数与百分比情况见表3-2。

表3-2　乡村儿童问题行为发生人数与百分比（由父母报告）

序号	问题行为	发生人数/人	百分比/%
1	做了不该做的事也不内疚	222	32.0
2	不做作业或抄作业	199	28.7
3	骂人或说脏话	166	23.9
4	说谎骗人	161	23.2

续上表

序号	问题行为	发生人数/人	百分比/%
5	和惹麻烦的朋友在一起	107	15.4
6	在家里、学校或其他地方违犯规则	87	12.5
7	玩火	63	9.1
8	偷家里的东西	47	6.8
9	对性的问题想得过多	38	5.6
10	考试作弊	28	4.0
11	离家出走	24	3.5
12	旷课或逃学	21	3.0
13	为了寻求刺激而服用药物	19	2.7
14	背着家长喝酒	15	2.2
15	在外面偷东西	13	1.9
16	吸烟	11	1.6

父母报告的乡村儿童问题行为，回答“常常如此”的人数与百分比见表3–3。

表3–3　乡村儿童问题行为回答“常常如此”的人数与百分比（由父母报告）

序号	问题行为	回答“常常如此”人数/人	百分比/%
1	做了不该做的事也不内疚	26	3.7
2	不做作业或抄作业	21	3.0
3	说谎骗人	13	1.9
4	和惹麻烦的朋友在一起	10	1.4
5	玩火	6	0.9
6	在家里、学校或其他地方违犯规则	6	0.9
7	骂人或说脏话	5	0.7

续上表

序号	问题行为	回答"常常如此"人数/人	百分比/%
8	背着家长喝酒	5	0.7
9	偷家里的东西	4	0.6
10	考试作弊	3	0.4
11	在外面偷东西	3	0.4
12	为了寻求刺激而服用药物	3	0.4
13	旷课或逃学	2	0.3
14	吸烟	2	0.3
15	对性的问题想得过多	2	0.3
16	离家出走	2	0.3

1. 父母报告差异

独立样本*T*检验结果显示，父亲与母亲报告的乡村儿童问题行为不存在显著差异。

2. 父母文化程度差异

单因素方差分析结果显示，父母文化程度不同，父母报告的乡村儿童问题行为水平差异不显著。

三、父母报告的乡村儿童心理健康影响因素

（一）是否一直和父母生活在一起

独立样本*T*检验结果显示，父母报告的乡村儿童问题行为水平在乡村儿童是否一直和父母生活在一起上差异临界显著（t=−1.94，p=0.05）。由父母报告时，一直和父母生活在一起的乡村儿童问题行为平均得分（2.4 ± 2.5）低于没有一直和父母生活在一起的乡村儿童（2.8 ± 3.1）（见图3–14）。不和父母一起生活的乡村儿童，他们父母报告的问题行为更严重。可能存在以下两种情况：其一，没有一直和父母一起生活，乡村儿童问题行为更严重；其二，乡村儿童没有一直和父母生活在一起，父母更关注、更倾向于收集乡村儿童问题行为方面的信息，父母报告的问题行为越严重。

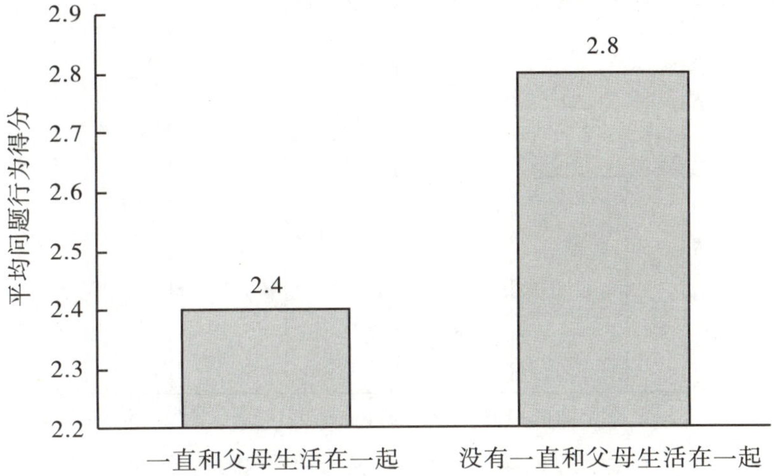

图3-14　乡村儿童问题行为水平在是否和父母生活在一起上的差异（由父母报告）

（二）其他家庭环境因素差异

家庭是个体社会化及发展的首要场所。家庭系统及其相关因素对儿童影响的重要作用已经得到了许多理论和实证研究的支持。除了是否和父母生活在一起以外，本研究中考察的其他家庭环境因素还包括以下六个方面：父母抑郁风险、父母焦虑风险、父母婚姻状况、亲子亲合程度、共同养育质量及父母角色模式。

1. 父母抑郁风险

单因素方差分析结果显示，父母报告的乡村儿童问题行为水平在父母抑郁风险上差异显著（F=9.43，$p<0.001$）。由父母报告时，父母无抑郁风险的乡村儿童问题行为平均得分（2.3 ± 2.4）显著低于父母有抑郁低风险的乡村儿童（3.5 ± 4.1）和父母有抑郁高风险的乡村儿童（3.9 ± 2.8）（见图3–15）。父母抑郁风险越高，父母报告的乡村儿童问题行为越严重。可能存在以下两种情况：一方面，父母的抑郁风险越高，乡村儿童问题行为越严重；另一方面，父母的抑郁风险越高，父母可能更关注乡村儿童问题行为，越感知、观察儿童问题行为，父母报告的问题行为就越严重。

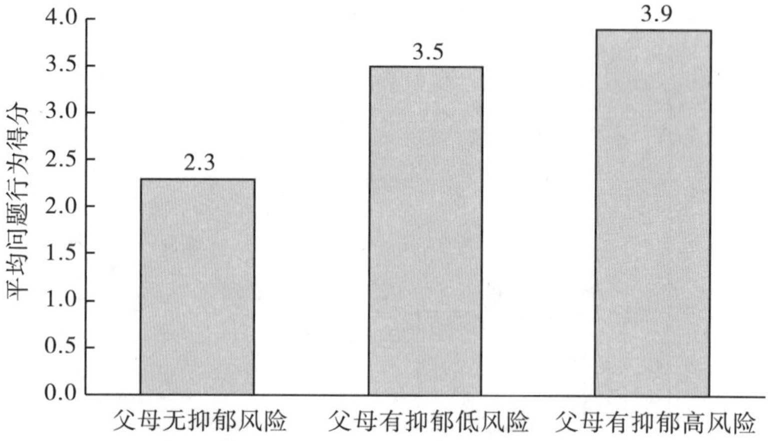

图3-15　乡村儿童问题行为水平的父母抑郁风险差异（由父母报告）

2. 父母焦虑风险

独立样本T检验结果显示，父母报告的乡村儿童问题行为水平在父母焦虑风险上差异显著（t=-2.38，$p<0.05$）。由父母报告时，父母无明显焦虑风险的乡村儿童问题行为平均得分（2.5 ± 2.7）显著低于父母有焦虑风险的乡村儿童（3.7 ± 3.3）（见图3-16）。父母焦虑风险越高，父母报告的乡村儿童问题行为越严重。可能存在以下两种情况：一方面，父母的焦虑风险越高，乡村儿童问题行为越严重；另一方面，父母的焦虑风险越高，父母可能更关注乡村儿童问题行为，越感知、观察儿童问题行为，父母报告的问题行为就越严重。

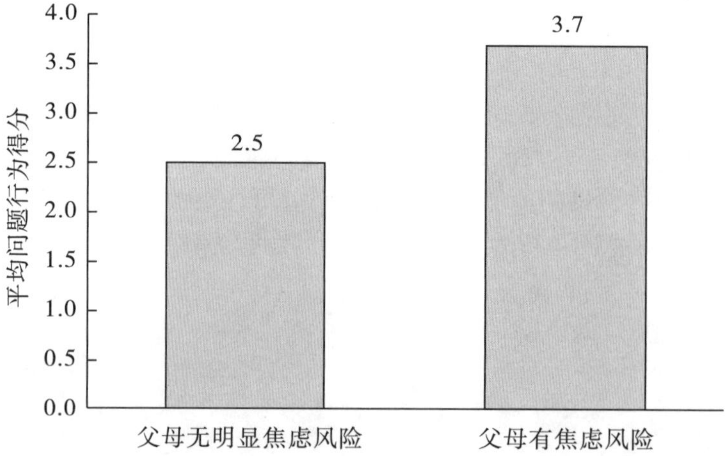

图3-16　乡村儿童问题行为水平的父母焦虑风险差异（由父母报告）

3. 父母婚姻状况

单因素方差分析结果显示，父母报告的乡村儿童问题行为水平在父母婚姻状况上差异显著（F=3.73，p＜0.05）。由父母报告时，父母已婚的乡村儿童问题行为平均得分（2.4 ± 2.6）显著低于父母离异的乡村儿童（3.5 ± 3.8）和父母再婚的乡村儿童（3.9 ± 3.9）（见图3-17）。未离异家庭父母报告的乡村儿童问题行为最少。可能存在以下两种情况：一方面，父母未离异，乡村儿童问题行为越少；另一方面，父母婚姻状况变化，父母可能更关注乡村儿童问题行为，越感知、观察儿童问题行为，父母报告的问题行为就越严重。

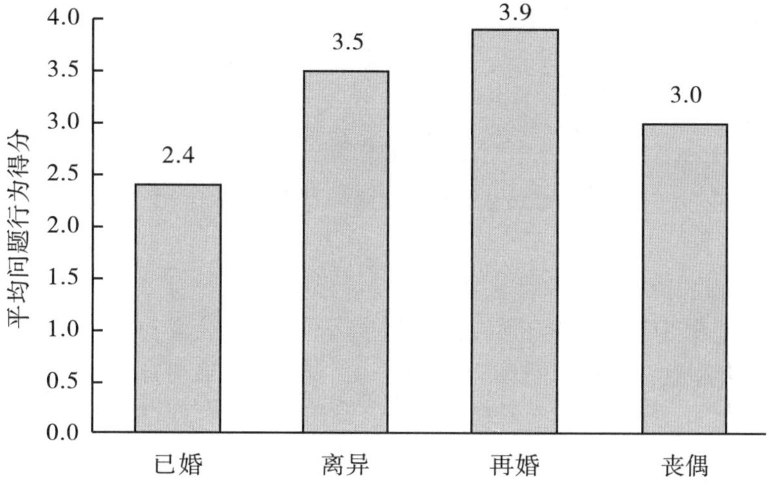

图3-17　乡村儿童问题行为水平的父母婚姻状况差异（由父母报告）

4. 亲子亲合程度

在家庭系统的众多相关因素中，亲子关系是一个关键因素，而且亲子关系与儿童问题行为的关系一直是发展心理学领域中的一个重要研究课题。

相关分析结果显示，父母报告的亲子亲合程度与父母报告的乡村儿童问题行为水平显著负相关（r=−0.29，p＜0.001）（见图3-18）。说明父母报告的亲子亲合程度越高，父母报告的乡村儿童问题行为就越少。

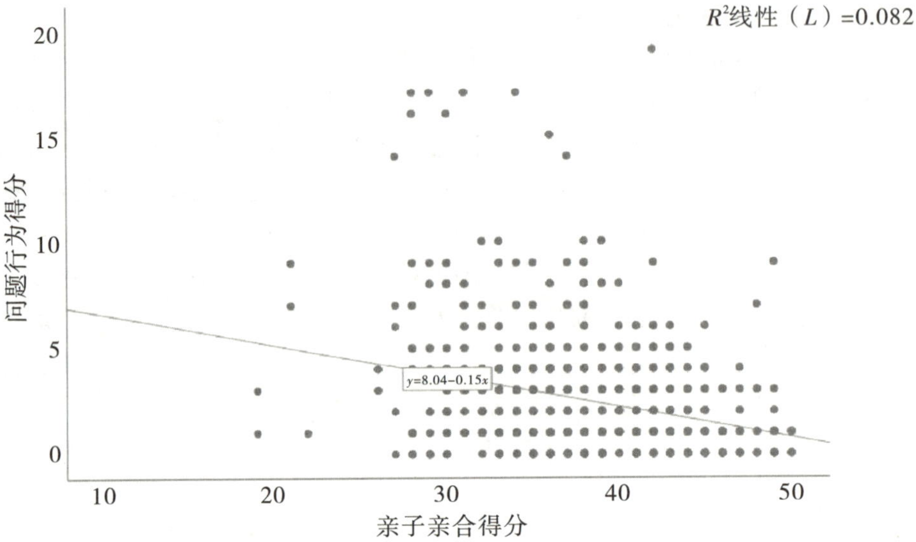

图3-18　亲子亲合程度与乡村儿童问题行为水平的相关性（由父母报告）

分层回归分析：以乡村儿童问题行为水平为因变量（Y）将填写人、父母文化程度作为控制变量放入回归方程第一层，以乡村儿童亲子亲合程度作为自变量（X）放入回归方程第二层。分析结果显示，父母报告的亲子亲合程度对父母报告的乡村儿童问题行为水平的预测显著（β=−0.29，p＜0.001）。回归分析结果见表3-4。可能存在以下两种情况：一方面，亲子亲合程度越高，乡村儿童问题行为越少；另一方面，亲子亲合程度越高，父母可能更少关注乡村儿童问题行为，越少感知、观察儿童问题行为，其报告的问题行为就越少。

表3-4　对父母报告的乡村儿童问题行为水平的回归分析

项目	标准回归系数β	t	显著性p
模型一			
填写人（父/母）	−0.043	−1.123	0.262
父母文化程度	−0.034	−0.893	0.372
模型二			
填写人（父/母）	−0.042	−1.159	0.247

续上表

项目	标准回归系数β	t	显著性p
父母文化程度	−0.021	−0.564	0.573
亲子亲合程度	−0.285	−7.808	0.000

5. 共同养育质量

共同养育的概念源自于教育学，是指父母在养育孩子过程中，相互支持、协调一致，它包括父母养育观念一致、情感的融合与行为的协调支持。其中，父母养育观念一致是儿童智能特征发展的保护性因素。如果父母养育态度不一致，就会对个体的人格发展产生消极影响。

相关分析表明，共同养育质量与父母报告的乡村儿童问题行为水平显著负相关（r=−0.24，$p<0.001$）（见图3−19）。说明父母共同养育质量越高，父母报告的乡村儿童问题行为越少。

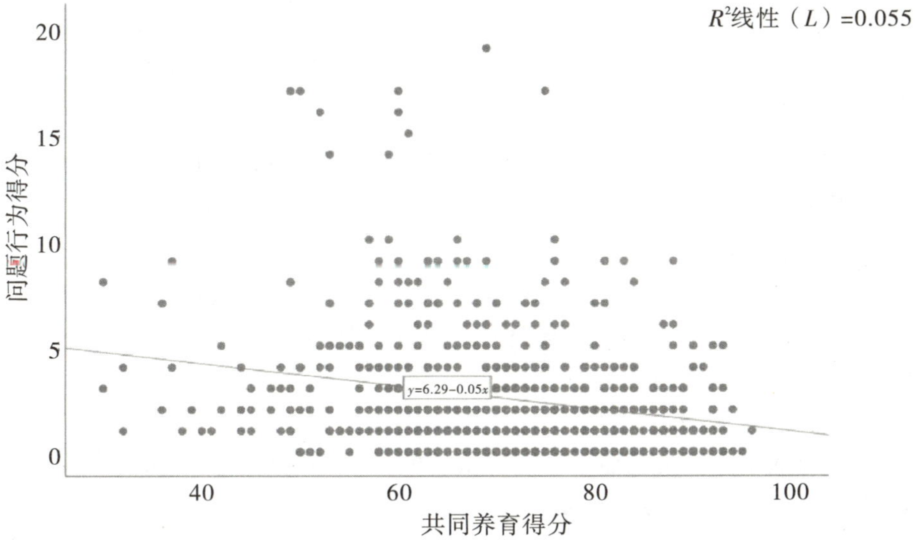

图3−19 共同养育质量与乡村儿童问题行为水平的相关性（由父母报告）

分层回归分析：以乡村儿童问题行为水平为因变量（Y）将填写人、父母文化程度作为控制变量放入回归方程第一层，以乡村儿童父母共同养育质量作为自变量（X）放入回归方程第二层。分析结果显示，共同养育质量对乡村儿童问题行为水平的预测显著（β=−0.24，$p<0.001$）。回归分析结果

见表3-5。可能存在以下两种情况：一方面，父母共同养育质量越高，乡村儿童问题行为越少；另一方面，父母共同养育质量越高，父母可能更少关注乡村儿童问题行为，越少感知、观察儿童问题行为，父母报告的问题行为就越少。

表3-5　对父母报告的乡村儿童问题行为水平的回归分析

项目	标准回归系数β	t	显著性p
模型一			
填写人（父/母）	−0.043	−1.123	0.262
父母文化程度	−0.034	−0.893	0.372
模型二			
填写人（父/母）	−0.063	−1.698	0.090
父母文化程度	−0.024	−0.649	0.517
共同养育质量	−0.240	−6.463	0.000

6. 父母角色模式

单因素方差分析结果显示，在父母报告中，父母角色模式对乡村儿童问题行为影响不显著。

（三）个人品质因素差异

本调查请父母也填写坚毅力量表，报告乡村儿童的坚毅力水平。调查结果显示，父母报告的乡村儿童坚毅力平均得分为39.8 ± 6.5。此结果稍低于乡村儿童自我报告的坚毅力水平。

1. 父母报告差异

独立样本T检验结果显示，父母报告的乡村儿童坚毅力得分在父亲或母亲报告上差异显著（t=2.43，$p < 0.05$）。父亲报告的乡村儿童坚毅力平均得分（40.7 ± 6.3）显著高于母亲报告的乡村儿童坚毅力平均得分（39.4 ± 6.6）（见图3-20）。

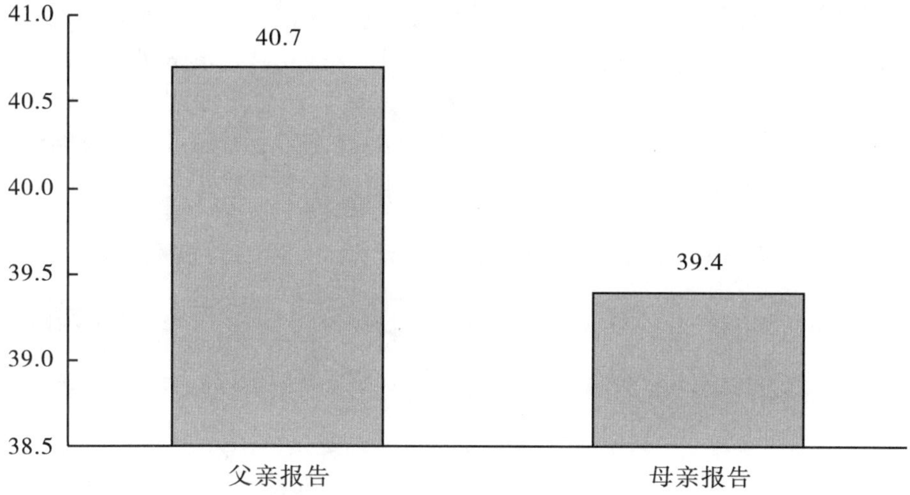

图3-20　乡村儿童坚毅力水平的父亲或母亲报告差异（由父母报告）

2. 坚毅力水平与问题行为水平的关系

相关分析结果显示，父母报告的乡村儿童问题行为水平与父母报告的乡村儿童坚毅力水平呈显著负相关（r=–0.28，p＜0.001）（见图3-21）。说明坚毅力越强，乡村儿童出现问题行为越少。

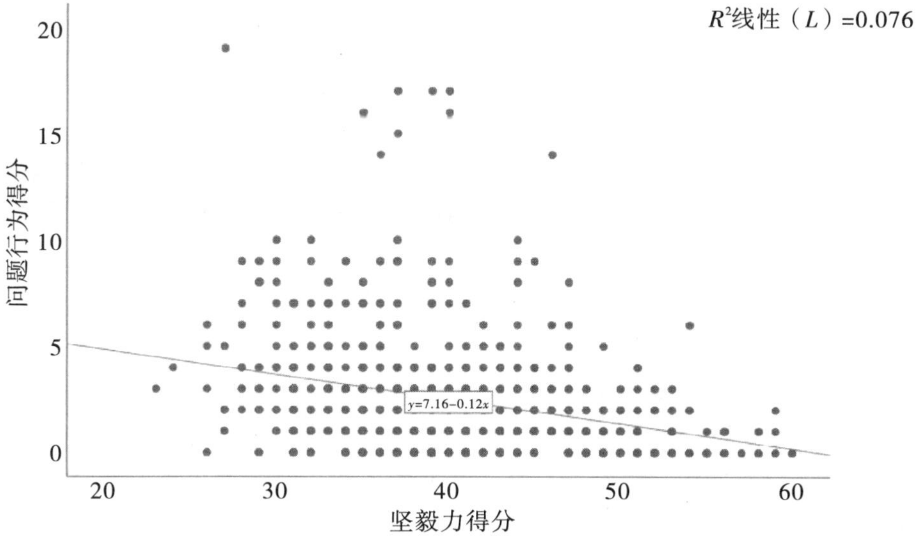

图3-21　乡村儿童坚毅力水平与问题行为水平的相关性（由父母报告）

分层回归分析：以乡村儿童问题行为水平为因变量（Y）将填写人、父母文化程度作为控制变量放入回归方程第一层，以乡村儿童坚毅力水平作为自变量（X）放入回归方程第二层。分析结果显示，在父母报告中，坚毅力水平对乡村儿童问题行为水平的预测显著（$\beta=-0.28$，$p<0.001$）。说明坚毅力水平越高，乡村儿童出现问题行为越少。回归分析结果见表3–6。

表3–6 对父母报告的乡村儿童问题行为水平的回归分析

项目	标准回归系数β	t	显著性p
模型一			
填写人（父/母）	−0.043	−1.123	0.262
父母文化程度	−0.034	−0.893	0.372
模型二			
填写人（父/母）	−0.065	−1.766	0.078
父母文化程度	−0.050	−1.374	0.170
坚毅力水平	−0.284	−7.750	0.000

第三节 结　论

本次调查采用家长自愿参与原则，调查结果如下。

一、父母呈现焦虑抑郁问题的家庭，乡村儿童心理健康风险更高

参与本次调查的家长整体心理健康状况良好。乡村儿童父母抑郁风险检出率为15.0%；随着文化程度上升，乡村儿童父母的抑郁风险人数占比呈显著下降趋势；随着婚姻满意度上升，乡村儿童父母的抑郁风险人数占比呈显著下降趋势。乡村儿童父母的焦虑风险检出率为14.8%；随着文化程度提高，乡村儿童父母的焦虑风险人数占比呈显著减少趋势；随着婚姻满意度上升，乡村儿童父母的焦虑风险人数占比呈显著下降趋势。

参与本次调查的家长的心理健康水平影响他们对儿童的评估。父母抑郁风险越高，父母报告的乡村儿童问题行为越严重；父母焦虑风险越高，父母

报告的乡村儿童问题行为越严重。这可能是因为父母的心理健康水平越差，越容易观察到孩子的负面表现，并给出消极评价。

二、乡村地区父母对儿童的了解程度可能存在不足

参与本次调查的家长报告的乡村儿童问题行为水平低于乡村儿童自我报告的问题行为水平，且内容上存在较大差异。父母报告的乡村儿童问题行为，按发生人数排序，排名前三依次分别为：做了不该做的事也不内疚、不做作业或抄作业、骂人或说脏话。乡村儿童报告的问题行为，回答“常常如此”时人数排名第一的“对性的问题想得太多”，在父母报告里排名倒数第二。这可能表示乡村父母对于儿童的了解有欠缺。

三、家庭结构稳定性对乡村儿童的心理健康状况亦有影响

一直与父母生活在一起的乡村儿童，他们父母报告的问题行为更少；未离异家庭，父母报告的乡村儿童问题行为最少；再婚家庭，父母报告的乡村儿童问题行为最严重。父母共同养育质量越高，父母报告的乡村儿童问题行为越少；亲子亲合程度越高，父母报告的乡村儿童问题行为越少。家庭关系越稳定，父母的陪伴越稳定，父母观察到的孩子越积极健康。

第四章　乡村小学教师篇

第一节　调查对象与方法

一、研究对象

本次的心理健康状况调查，共收集了乡村小学教师样本84份，保留有效问卷81份，样本有效率为96.4%。样本的人口学变量特征为：乡村小学男教师25人，占30.9%；乡村小学女教师52人，占64.2%；有4人未报告性别，占4.9%。调查对象的年龄范围在23～57岁，平均年龄为（40.0±9.5）岁，年龄的中位数为42岁，众数为50岁。其中乡村小学男教师平均年龄为（40.0±7.4）岁，乡村小学女教师平均年龄为（37.9±10.0）岁。调查对象的教龄范围在1～35年，平均教龄为（17.5±11.1）年。其中乡村小学男教师平均教龄为（20.0±10.5）年，乡村小学女教师平均教龄为（16.0±11.4）年。调查对象基本情况见表4–1。

表4–1　乡村小学教师基本情况

分布特征	人数/人	百分比/%	分布特征	人数/人	百分比/%
性别			文化程度		
男	25	30.9	大专	25	30.9
女	52	64.2	大学本科	55	67.9
未报告	4	4.9	未报告	1	1.2

续上表

分布特征	人数/人	百分比/%	分布特征	人数/人	百分比/%
年龄			是否班主任		
29岁以下	16	19.8	是	32	39.5
30～39岁	16	19.8	否	41	50.6
40～49岁	31	38.2	未报告	8	9.9
50岁及以上	16	19.8	是否师范生		
未报告	2	2.4	是	52	64.2
教龄			否	21	25.9
5年以下	18	22.2	未报告	8	9.9
5～9年	8	9.9	主要任教年级		
10～14年	5	6.2	一年级	6	7.4
15～19年	6	7.4	二年级	6	7.4
20～24年	12	14.8	三年级	10	12.4
25～29年	19	23.5	四年级	16	19.8
30年及以上	12	14.8	五年级	13	16.0
未报告	1	1.2	六年级	15	18.5
任教学科			未报告	15	18.5
语文	31	38.3	任教年级数量		
数学	19	23.5	1个	56	69.1
英语	5	6.2	2个	7	8.7
其他	10	12.3	3个	2	2.5
未报告	16	19.8	6个	1	1.2
			未报告	15	18.5

二、调查工具

（一）流调中心抑郁量表（中文简版）

美国国家心理健康中心拉德洛夫于1977年编制流调中心抑郁量表（CES-D），被广泛用于对普通人群进行抑郁症状的筛查。本次调查使用了何津等修订的CES-D中文简版，评估个体1周内的抑郁水平，共9题，其中7题为正向计分，2题为负向计分。采用4点评分，从0“少于1天”到3“5～7天”，总分范围为0～27分，得分越高表明个体的抑郁风险越严重。该量表各分数段的含义如下：0～9分代表无抑郁风险；10～16分代表抑郁低风险；17～27分代表抑郁高风险。在本次调查中，乡村小学教师采用该测评工具，量表的Cronbach's α系数为0.90。

（二）广泛性焦虑障碍量表

广泛性焦虑障碍量表（GAD-7）在国际和国内广泛用于测量个体的焦虑倾向，在各类人群中均显示有良好的信度和效度。量表的测量内容包括了焦虑的主要症状，如躯体紧张、情绪消极等，共7题，全部为正向计分，量表要求个体根据最近2周的情况作答每项行为的发生天数，分别按1～4记分，其中1代表“完全没有”，2代表“有几天”，3代表“超过半数时间”，4代表“几乎每天”。量表总分范围为0～21分，得分越高代表焦虑水平越高。该量表各分数段的含义如下：0～4分代表无焦虑风险；5～9分代表轻度焦虑风险；10～14分代表中度焦虑风险；15～21分代表高度焦虑风险。在本次调查中，乡村小学教师采用该测评工具，量表的Cronbach's α系数为0.93。

（三）职业倦怠量表

职业倦怠量表（Maslach Burnout Inventory General Survey，MBI-GS）由马斯拉奇（Maslach）等人编制[80]，李超平与时勘修订[81]。量表共有情绪衰竭、消极态度、低成就感三个维度，共15题。其中情绪衰竭维度有5题，为正向记分；消极态度维度有4题，为正向记分；低成就感维度有6题，为反向记分。量表采用七级评分，0代表“从不”，6代表“每天”，得分越高代表职业倦怠水平越高。问卷的情绪衰竭分量表的Cronbach's α系数为0.88；消极态度分量表的Cronbach's α系数为0.85；低成就感分量表的Cronbach's α系数为0.87。

（四）教师课堂管理问卷

教师课堂管理问卷，用于评估教师群体对于日常课堂的管理能力，包括课堂秩序、知识讲授、学习兴趣调动，自评问卷，共12题，采用5点记分，0代表“完全不能”，4代表“完全可以”。总分范围为0～48分，得分越高代表教师的课堂管理水平越高。

（五）教师心理健康素养问卷

教师心理健康素养问卷为自评问卷，分为教师心理健康意识、教师心理健康知识与技能两个部分。

教师心理健康意识分问卷用于评估教师群体对掌握心理健康知识或技能的重视程度，教师根据自我评估选择对掌握具体心理健康知识或技能的重视程度两部分，共42题，采用5点记分，从0代表“非常不重要”到4代表“非常重要”。总分范围为0～168分，得分越高代表教师对心理健康知识与技能的重视程度越高。

教师心理健康知识与技能分问卷用于评估教师群体在教学和管理过程中常遇到的问题，教师根据自我评估选择对具体心理健康知识或技能的掌握程度，共42题，采用5点记分，从0代表“完全没掌握”到4代表“完全掌握”。总分范围为0～168分，得分越高代表教师的心理健康知识与技能掌握程度越高。

（六）背景信息问卷

自编背景信息题，包括询问教师的性别、年龄、受教育程度、是否为师范生和教授的科目等信息，以选择题为主。

第二节　调查结果

一、乡村小学教师的基本心理健康状况

（一）抑郁风险

抑郁是个体情绪低沉、沮丧、悲伤等多种不愉快反应综合而成的生理、社会和心理方面的多维障碍。抑郁作为一种负性情绪会严重影响到个体的认知方式、正常的学业以及人际交往活动。

本次调查采用流调中心抑郁量表（中文简版）作为测量工具。结果显示，乡村小学教师的平均抑郁得分为6.5分，标准差为5.4分。以10分为抑郁风险划界分，有70.4%的乡村小学教师无抑郁风险；乡村小学教师抑郁风险检出率为29.6%，其中，有25.9%的乡村小学教师为抑郁低风险，3.7%的乡村小学教师为抑郁高风险（见图4-1）。乡村小学教师的抑郁风险检出率远高于参与本次调研的乡村儿童父母。与心理健康蓝皮书《中国国民心理健康发展报告（2019—2020）》数据相比：高于中国科技工作者抑郁风险检出率（24.0%）[82]。

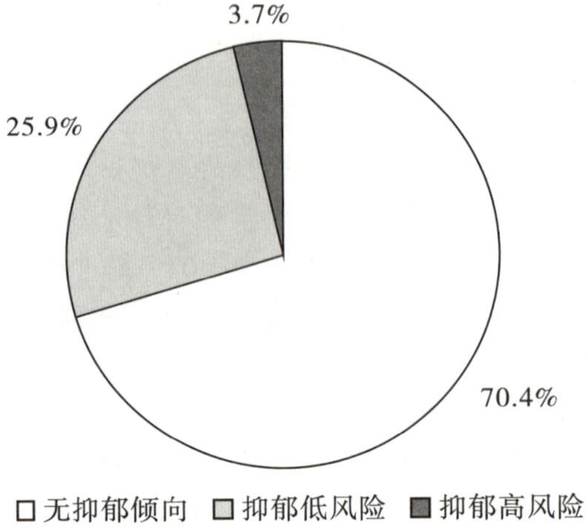

图4–1　乡村小学教师抑郁风险检出率

卡方检验分析得出，乡村小学教师抑郁风险检出率的性别差异、年龄差异、文化程度差异、教龄差异均不显著；乡村小学教师抑郁风险检出率在是否班主任、是否师范生上差异均不显著。独立样本*T*检验分析显示，乡村小学教师抑郁水平的性别差异、文化程度差异、是否班主任、是否师范生差异均不显著。单因素方差分析结果显示，乡村小学教师抑郁水平的年龄差异、教龄差异均不显著。

（二）焦虑风险

本次调查采用广泛性焦虑障碍量表作为测量工具。调查结果显示，乡村小学教师的焦虑平均得分为5.8分，标准差为4.3分。以10分为焦虑风险划界分，无明显焦虑风险的乡村小学教师占80.0%，其中，无焦虑风险的乡村小学教师占38.2%，轻度焦虑风险的乡村小学教师占41.8%。有焦虑风险的乡村小学教师占20.0%，其中，中度焦虑风险的乡村小学教师占18.2%，高度焦虑风险的乡村小学教师占1.8%（见图4–2）。20.0%的乡村小学教师呈现出焦虑风险。乡村小学教师的焦虑风险检出率高于参与本次调研的乡村儿童父母。与心理健康蓝皮书《中国国民心理健康发展报告（2019—2020）》数据相比：高于中国科技工作者焦虑风险检出率（13.3%）[82]。

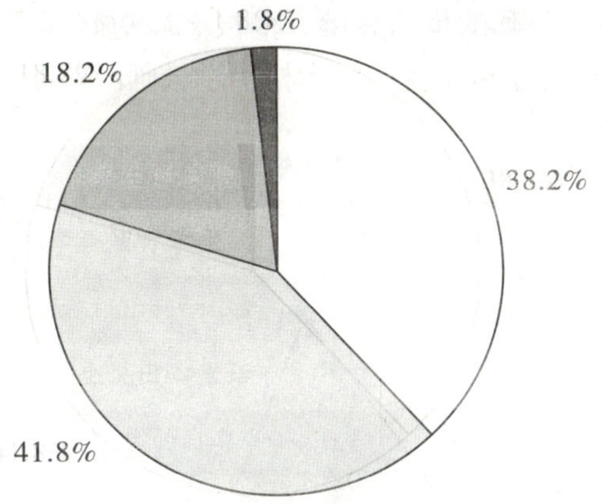

图4-2　乡村小学教师焦虑风险检出率

卡方检验分析得出，乡村小学教师焦虑风险检出率的性别差异、年龄差异、文化程度差异、教龄差异均不显著。卡方检验分析得出，乡村小学教师焦虑风险检出率在是否班主任、是否师范生上差异均不显著。独立样本*T*检验分析显示，乡村小学教师焦虑水平的性别差异、文化程度差异、是否班主任、是否师范生差异均不显著。单因素方差分析结果显示，乡村小学教师焦虑水平的年龄差异、教龄差异均不显著。

二、乡村小学教师的职业心理健康状况

（一）职业倦怠

职业倦怠是指在职业环境中，对长期的情绪紧张源和人际关系紧张源的应激反应而表现的一系列心理、生理综合征。教师是职业倦怠感的高发人群。教师身上表现出的职业倦怠感对学生的成长和发展有巨大的消极影响。

职业倦怠的三个维度分别是：情绪衰竭、消极态度和低成就感。其中情绪衰竭是职业倦怠的核心成分，指感到情绪情感处于极度疲劳状态。消极态度是指如果极度疲劳的情绪状态长期持续下去，个体就会感受到一些负面的情绪，并对工作对象表现出消极、冷漠的行为。低成就感是指在工作中效能感的降低以及对自己消极评价倾向的增长。

本调查研究显示，乡村小学教师的职业倦怠测评中，情绪衰竭平均分为2.6分，标准差为1.5分；消极态度平均分为1.6分，标准差为1.6分；低成就感平均分为3.8分，标准差为1.7分（见图4-3）。与此前对农村中学教师的研究

结果相比，乡村小学教师的情绪衰竭、消极态度更轻微，成就感也更高。从总体上来看，本次调查报告呈现出，乡村小学教师的职业倦态状况并不严重。

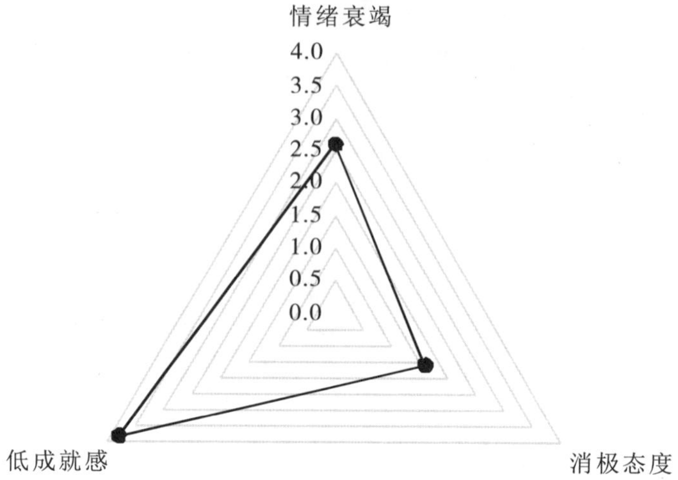

图4-3　乡村小学教师职业倦怠三个维度雷达图

1. 年龄差异

单因素方差分析结果显示，乡村小学教师职业倦息中的低成就感得分的年龄差异显著（F=3.32，$p<0.05$）（见图4–4）。29岁以下的乡村小学教师与40～49岁的乡村小学教师的成就感显著低于50岁以上的乡村小学教师。

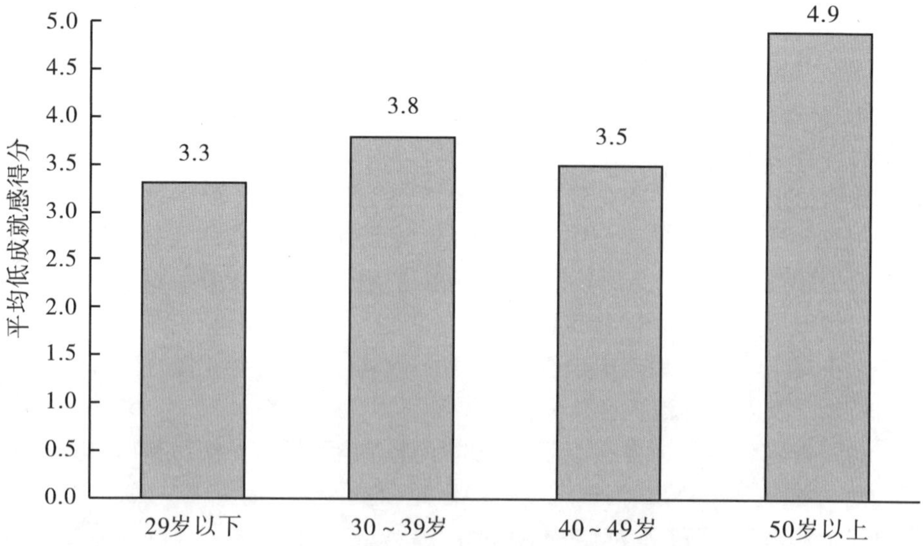

图4-4　乡村小学教师低成就感得分的年龄差异

2. 其他群体差异

独立样本T检验结果显示，乡村小学教师职业倦怠的三个维度情绪衰竭、消极态度、低成就感，在性别、文化程度、是否班主任、是否师范生上的差异均不显著。单因素方差分析结果显示，乡村小学教师职业倦怠的三个维度，情绪衰竭、消极态度、低成就感的教龄差异不显著。乡村小学教师职业倦怠的两个维度，情绪衰竭、消极态度的年龄差异不显著。

3. 与抑郁、焦虑水平的关系

相关分析结果表明，职业倦怠测评中，乡村小学教师情绪衰竭水平与其抑郁水平显著相关（r=0.70，p＜0.001）（见图4-5）。说明乡村小学教师情绪衰竭越严重，他们的抑郁水平呈上升趋势。

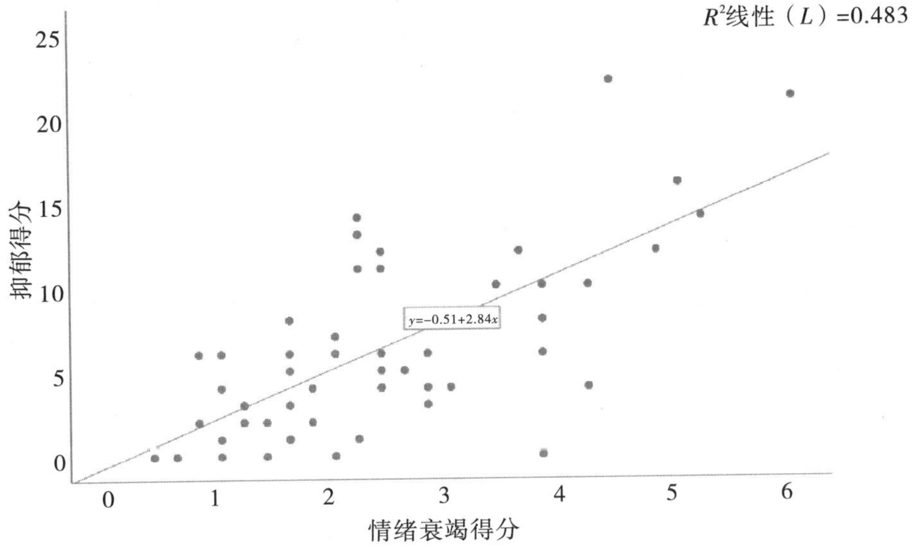

图4-5　乡村小学教师情绪衰竭水平与抑郁水平的相关性

分层回归分析：以乡村小学教师抑郁水平为因变量（Y）将性别、年龄、文化程度、教龄作为控制变量放入回归方程第一层，以乡村小学教师情绪衰竭水平作为自变量（X）放入回归方程第二层。分析结果显示，乡村小学教师情绪衰竭水平对他们抑郁水平的预测显著（β=0.70，p＜0.001）。说明乡村小学教师情绪衰竭越严重，他们的抑郁水平就越严重。回归分析结果见表4-2。

表4-2 对乡村小学教师抑郁水平的回归分析

项目	标准回归系数β	t	显著性p
模型一			
性别	0.101	0.579	0.565
年龄	−0.128	−0.353	0.725
文化程度	−0.145	−0.936	0.354
教龄	0.042	0.123	0.903
模型二			
性别	0.070	0.553	0.583
年龄	−0.320	−1.213	0.232
文化程度	−0.099	−0.881	0.383
教龄	0.316	1.256	0.215
情绪衰竭水平	0.696	6.581	0.000

相关分析结果表明，职业倦怠测评中，乡村小学教师消极态度水平与其抑郁水平显著相关（r=0.82，$p<0.001$）（见图4-6）。说明随着乡村小学教师消极态度越来越严重，他们的抑郁水平呈上升趋势。

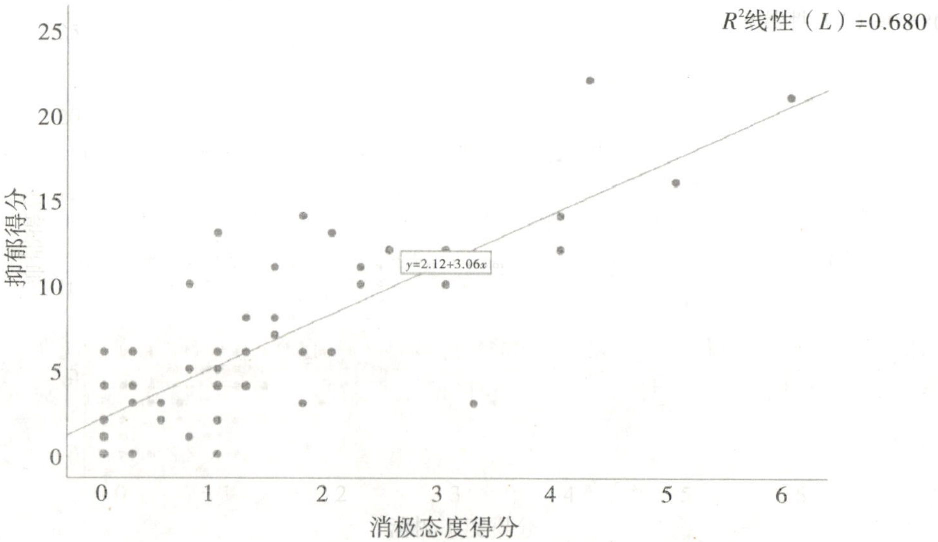

图4-6 乡村小学教师消极态度水平与抑郁水平的相关性

分层回归分析：以乡村小学教师抑郁水平为因变量（Y）将性别、年龄、文化程度、教龄作为控制变量放入回归方程第一层，以乡村小学教师消极态度水平作为自变量（X）放入回归方程第二层。分析结果显示，乡村小学教师消极态度水平对他们抑郁水平的预测显著（β=0.85，$p<0.001$）。说明乡村小学教师消极态度越明显，他们的抑郁水平就越高。回归分析结果见表4-3。

表4-3 对乡村小学教师抑郁水平的回归分析

项目	标准回归系数β	t	显著性p
模型一			
性别	0.101	0.579	0.565
年龄	−0.128	−0.353	0.725
文化程度	−0.145	−0.936	0.354
教龄	0.042	0.123	0.903
模型二			
性别	−0.009	−0.096	0.924
年龄	−0.215	−1.144	0.259
文化程度	−0.105	−1.292	0.203
教龄	0.119	0.667	0.508
消极态度水平	0.846	11.300	0.000

相关分析结果表明，职业倦怠测评中，乡村小学教师情绪衰竭水平与其焦虑水平显著相关（r=0.74，$p<0.001$）（见图4-7）。说明乡村小学教师情绪衰竭越严重，他们的焦虑水平呈上升趋势。

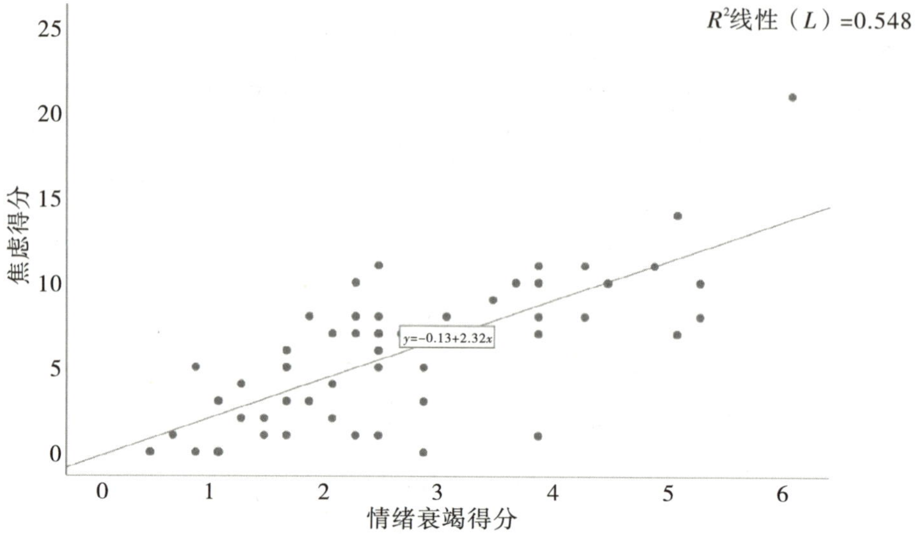

图4-7　乡村小学教师情绪衰竭水平与焦虑水平的相关性

分层回归分析：以乡村小学教师焦虑水平为因变量（Y）将性别、年龄、文化程度、教龄作为控制变量放入回归方程第一层，以乡村小学教师情绪衰竭水平作为自变量（X）放入回归方程第二层。分析结果显示，乡村小学教师情绪衰竭水平对他们焦虑水平的预测显著（β=0.78，p＜0.001）。说明乡村小学教师情绪衰竭越严重，他们的焦虑水平就越高。回归分析结果见表4-4。

表4-4　对乡村小学教师焦虑水平的回归分析

项目	标准回归系数β	t	显著性p
模型一			
性别	−0.118	−0.674	0.504
年龄	0.032	0.093	0.926
文化程度	−0.153	−0.987	0.329
教龄	−0.176	−0.545	0.588
模型二			
性别	−0.195	−1.814	0.076
年龄	−0.218	−1.020	0.313

续上表

项目	标准回归系数β	t	显著性p
文化程度	−0.116	−1.212	0.232
教龄	0.084	0.416	0.680
情绪衰竭水平	0.778	8.854	0.000

相关分析结果表明，职业倦怠测评中，乡村小学教师消极态度水平与其焦虑水平显著相关（r=0.71，p＜0.001）（见图4-8）。说明随着乡村小学教师消极态度越来越严重，他们的焦虑水平呈上升趋势。

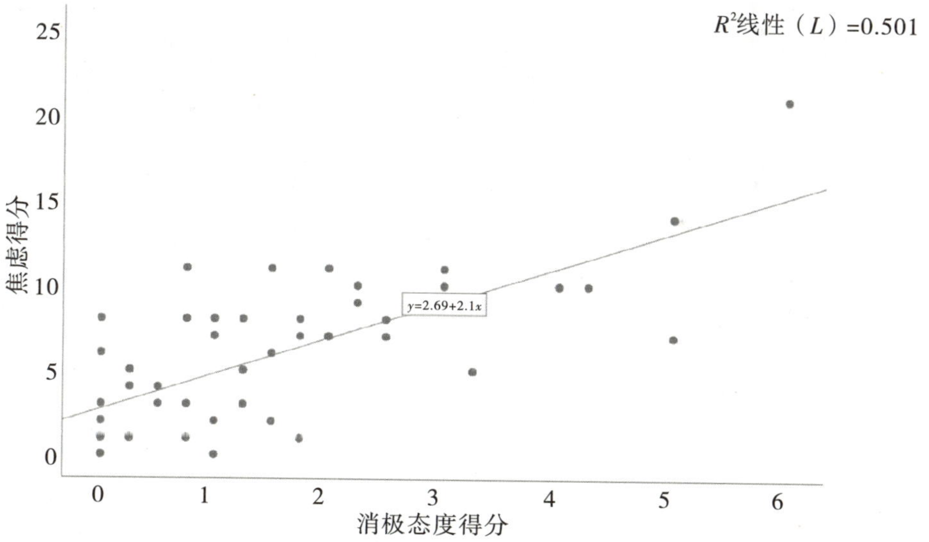

图4-8　乡村小学教师消极态度水平与焦虑水平的相关性

分层回归分析：以乡村小学教师焦虑水平为因变量（Y）将性别、年龄、文化程度、教龄作为控制变量放入回归方程第一层，以乡村小学教师消极态度水平作为自变量（X）放入回归方程第二层。分析结果显示，乡村小学教师消极态度水平对他们焦虑水平的预测显著（β=0.79，p＜0.001）。说明乡村小学教师消极态度越明显，他们的焦虑水平就越高。回归分析结果见表4-5。

表4-5　对乡村小学教师焦虑水平的回归分析

项目	标准回归系数β	t	显著性p
模型一			
性别	−0.118	−0.674	0.504
年龄	0.032	0.093	0.926
文化程度	−0.153	−0.987	0.329
教龄	−0.176	−0.545	0.588
模型二			
性别	−0.238	−2.258	0.029
年龄	−0.053	−0.255	0.800
文化程度	−0.118	−1.265	0.212
教龄	−0.157	−0.807	0.424
消极态度水平	0.787	9.190	0.000

（二）课堂管理技能

课堂管理是指教师为建立秩序、吸引学生或寻求他们的合作而采取的行动。本次调查研究结果显示，在0～48分的课堂管理得分中，乡村小学教师的最低分为18.0分，最高分为48.0分，平均分为37.9分，标准差为7.6分。

1. 群体差异

独立样本T检验结果显示，乡村小学教师课堂管理技能水平的性别差异、文化程度差异、是否班主任差异、是否师范生差异均不显著。单因素方差分析结果显示，乡村小学教师课堂管理技能水平年龄差异、教龄差异均不显著。

2. 与抑郁水平的关系

相关分析结果表明，乡村小学教师课堂管理技能水平与其抑郁水平显著负相关（t=−0.28，$p<0.05$）（见图4–9）。乡村小学教师课堂管理技能高时，他们的抑郁水平低。

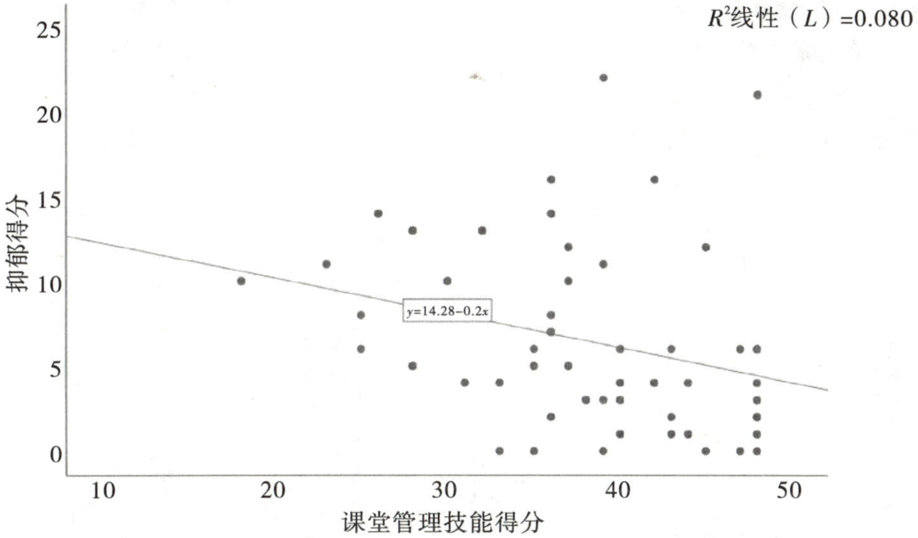

图4-9　乡村小学教师课堂管理技能水平与其抑郁水平的相关性

分层回归分析结果显示，乡村小学教师课堂管理技能水平对他们抑郁水平的预测不显著。

三、乡村小学教师的教师心理健康素养

教师心理健康素养是一个能综合反映教师个体或群体的心理健康的理念、认知、行为、技能水平的健康指标，它是教师与学生心理健康的重要影响因素。教师心理健康素养包括教师心理健康意识与教师心理健康知识与技能。

（一）教师心理健康意识

教师心理健康意识指教师群体对掌握心理健康知识或技能的重视程度。本次调查研究结果显示，在0～168分的教师心理健康意识得分中，乡村小学教师的最低分为20.0分，最高分为168.0分，平均分为150.1分，标准差为22.9分。

1. 群体差异

独立样本*T*检验结果显示，乡村教师心理健康意识水平在性别、文化程度、是否班主任、是否师范生上的差异均不显著。单因素方差分析显示，乡村小学教师心理健康意识水平的年龄差异、教龄差异均不显著。

2. 任教学科差异

单因素方差分析显示，乡村小学语文教师的心理健康意识得分（156.4 ± 14.2）显著高于乡村小学数学教师心理健康意识得分（142.0 ± 17.6）。但是，教师心理健康意识得分在其他任教学科之间没有显著差异（见图4-10）。

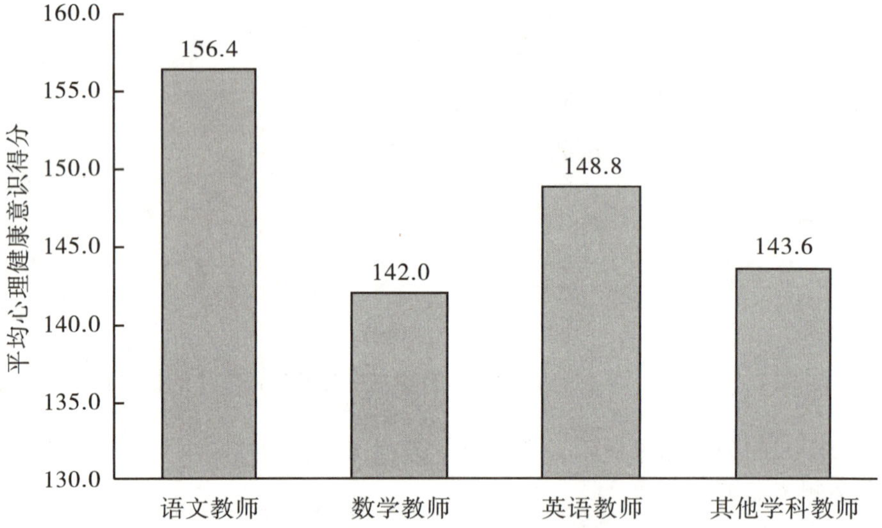

图4-10 乡村小学教师心理健康意识水平的任教学科差异

（二）教师心理健康知识与技能

教师心理健康知识与技能分问卷主要评估教师对学生心理发展规律的相关知识，以及对自我或学生情绪波动的调控方法的掌握程度。

本次调查研究结果显示，在0～168分的教师心理健康知识与技能得分中，乡村小学教师的最低分为64.0分，最高分为168.0分，平均分为128.2分，标准差为30.3分。

本次调查中，乡村小学教师掌握最佳的教师心理健康知识与技能前三项为：培养学生的自信、学会倾听学生、保持积极乐观的心态。乡村小学教师掌握最佳的教师心理健康知识与技能前十项的人数及百分比情况见表4-6。

表4-6　乡村小学教师掌握最佳的教师心理健康知识与技能前十项的人数及百分比

排名	教师心理健康知识与技能	完全掌握人数/人	百分比/%
1	培养学生的自信	34	44.2
2	学会倾听学生	34	44.2
3	保持积极乐观的心态	33	42.9
4	让学生说出心里话	33	42.9
5	呵护学生的自尊	31	40.3
6	处理学生间的冲突和分歧	31	40.3
7	处理自己的无助或无力感	31	40.3
8	获得学生的信任	31	40.3
9	处理自己的工作家庭冲突	31	40.3
10	安抚学生的情绪	30	39.5

本次调查中，乡村小学教师当务之急需要提升的前三项教师心理健康知识与技能依次为：会用量表、问卷等给学生做心理测试；了解天性与教养相互作用的知识；了解学生的恋爱心理。

1. 群体差异

独立样本*T*检验结果显示，乡村小学教师的心理健康知识与技能得分性别差异、文化程度差异、是否班主任差异、是否师范生差异均不显著。单因素方差分析显示，乡村小学教师心理健康知识与技能得分年龄差异、教龄差异均不显著。

2. 任教学科差异

单因素方差分析显示，乡村小学语文教师心理健康知识与技能平均得分（134.3 ± 28.7）显著高于乡村小学数学教师心理健康知识与技能平均得分（111.1 ± 27.4）。但是，教师心理健康知识与技能得分在其他任教学科之间没有显著差异（见图4-11）。

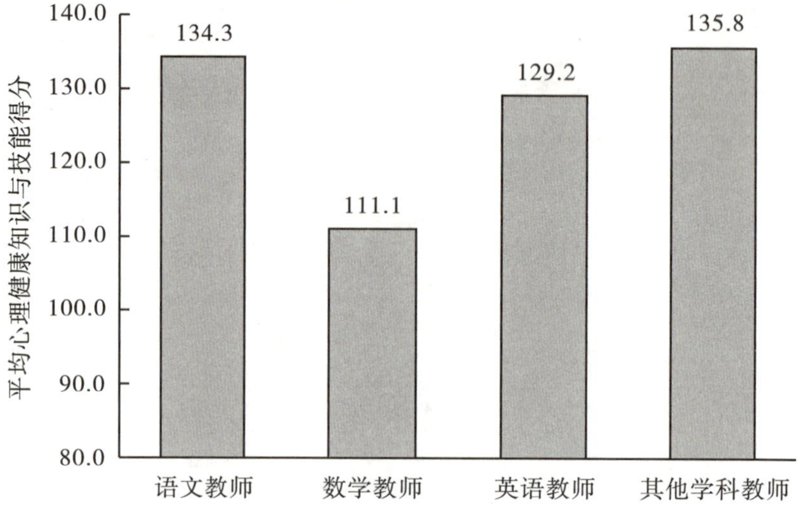

图4-11　乡村小学教师心理健康知识与技能水平的任教学科差异

第三节　结　　论

一、乡村小学教师的心理健康问题不容忽视

乡村小学教师的心理健康问题不容忽视，乡村小学教师的抑郁风险检出率为29.6%，其中有3.7%的乡村小学教师为抑郁高风险。乡村小学教师的焦虑风险检出率为20.0%，其中有1.8%的乡村小学教师有高度焦虑风险。

乡村小学教师的职业倦怠水平对心理健康水平有预测作用。乡村小学教师情绪衰竭水平、消极态度水平对其抑郁水平的预测显著。乡村小学教师随着情绪衰竭、消极态度越来越严重，其抑郁水平呈上升趋势。乡村小学教师情绪衰竭水平、消极态度水平对其焦虑水平的预测显著。乡村小学教师随着情绪衰竭、消极态度越来越严重，其焦虑水平呈上升趋势。

二、乡村小学教师亟须提升教学相关的儿童心理健康知识与技能

乡村小学教师掌握的教师心理健康知识与技能，排名前三依次为：培养学生的自信、学会倾听学生、保持积极乐观的心态。乡村小学教师迫切需要提升的教师心理健康知识与技能，排名前三依次为：会使用量表、问卷等给学生做心理测试；了解天性与教养相互作用的知识；了解学生的恋爱心理。

第五章 建 议

一、加速建设针对乡村儿童的心理健康服务体系，重视对乡村儿童心理健康状况的评估与排查

本次调查中，超过1/4的乡村儿童有抑郁风险，超过1/4的乡村儿童存在中度及以上焦虑风险。这提示该群体的心理健康问题不容忽视，加强对乡村儿童的心理健康评估与排查十分必要。针对该群体搭建一个完整的心理健康服务体系，包括评估工具与系统、干预设备、网络与技术服务平台等，能够有效地为该群体提供专业资源。其中，借由专业评估系统筛查出具有心理健康风险的乡村儿童，并倡导形成学校、家庭、村镇组织层层嵌套的心理健康服务模式，与医学、精神病学、心理学等专业力量联动，获取社会组织的资金与人力支持，联合媒体的宣传报道，打造乡村儿童心理健康建设生态，能有效帮助心理健康问题人群，降低危机风险，是尤为重要的一环。

二、加强对乡村儿童心理健康的科普与服务

针对乡村儿童的心理健康建设需要以增强该群体及家庭对心理健康的重视程度为前提，因此要增强对这个群体相关知识的宣讲与教育，增加科普的力度。可以借由线上与线下同步开展的形式，线上以心理健康科普动画、短视频、宣传文章为主，线下以心理健康科普课、心理健康书籍等媒介为主，将科学、有效、系统的心理健康知识和调节办法讲授给乡村儿童及其家人，为该群体提供更多样化和有特色的公益服务。

三、重视留守儿童群体的心理健康建设，倾向心理健康服务与公益服务资源

本次调查的结果显示，留守儿童在多个方面比非留守儿童表现出更多的心理健康问题，如更高的抑郁、焦虑风险等。从儿童成长发育的角度而言，留守儿童也表现得更为弱势，如该群体的自尊水平更低，坚毅力水平也更低。因此乡村儿童中的留守儿童应该是心理健康服务和公益资源分配的重点对象。留守儿童能够获得的当地教育资源与心理健康资源相对更加有限，需要根据儿童青少年身心发展特点、留守儿童的生活现状和心理需求，结合心理学研究成果和心理援助工作实践，加强对于该群体的帮扶。

四、增加建设乡村儿童心理健康事业的专业人才与资源

任何事业的建设都离不开人，心理健康服务更加依赖于人才的投入。目前乡村地区有相对完备的教育人才和硬件设施，但在心理健康领域的师资与相应的教辅教材配备不足。尤其应该重视专职心理健康教育教师的配备，保障在乡村地区有专业的、系统的、稳定的心理健康教育，专职心理健康教育教师能够有效地保证基层心理健康事业的开展、心理健康知识的普及与心理健康问题的应对。建议建立健全心理健康教育教师的培训和激励机制，在教学资源、培训、经费等方面适度向乡村学校倾斜，缩小城乡学校之间的心理健康教育差距。提升乡村专职心理教师的专业水平，增加专业人才是建设乡村儿童心理健康事业可行性的前提。

五、鼓励父母增加对乡村儿童教育与成长的投入

本次调查的结果显示，乡村父母尤其是父亲在教育中的投入越多，报告的乡村儿童问题行为越少。亲子亲合程度越高，乡村父母报告的问题行为也越少。很多乡村父母容易忽视对于儿童的教育，更多地关注儿童的衣食住行，其实增加对乡村儿童教育与成长的投入，能够有效地促进乡村儿童的成长和心理健康水平。鼓励父母重视儿童的教育与成长，对于儿童有长期的积极效果，也是心理健康中的保护因子。建议当地妇联、民政、教育等部门多举办关于儿童心理健康知识、儿童教育养育等主题的公益讲座、家长学堂、亲子活动，通过公益性质的各类活动，改善乡村家长对子女的教育理念，提高他们对子女的陪伴质量。建议乡村家长提升亲子陪伴的时间、质量、频率，并加强关注留守儿童。

六、重视乡村小学教师职业倦怠的现状，提升乡村小学教师的心理健康素养

本次调查显示，随着乡村小学教师职业倦怠越来越严重，其抑郁水平和焦虑水平也呈上升趋势。乡村小学教师作为基层教育的直接传播者，他们的心理健康状态会直接影响到教学效果，也会间接影响到孩子的学习成长体验。因此，有必要重视乡村小学教师职业倦怠的现状。此外，本次调查显示乡村小学教师的心理健康素养水平仍有显著上升空间，对心理健康知识与技能的掌握仍存在较多不足。加强对该群体的心理健康素养提升计划十分必要。

参考文献

[1] 刘正奎，周月月，王佳舟．贫困农村地区留守儿童心理健康状况调查报告［M］//傅小兰，张侃，陈雪峰，等．心理健康蓝皮书：中国国民心理健康发展报告（2019—2020）．北京：社会科学文献出版社，2021：165-187.

[2] 黎煦，朱志胜．回流对贫困地区农村儿童心理健康的影响：基于农村寄宿制学校的实证检验［J］．北京师范大学学报（社会科学版），2018，268(4)：26-38.

[3] 章婕，吴振云，方格，等．流调中心抑郁量表全国城市常模的建立［J］．中国心理卫生杂志，2010，24(2)：139-143.

[4] 满小欧，曹海军．农村社区10～15岁留守儿童心理健康状况及保护性因素［J］．中国公共卫生，2018，34(11)：1537-1540.

[5] 孙桂香，陆文春，金英良，等．苏北某市三县区农村儿童心理健康状况研究［J］．中国社区医师，2016，32(35)：177-178.

[6] 耿芸，赵雄伟．农村小学生心理健康现状调查：以云南省昆明市滇源镇为例［J］．中小学心理健康教育，2020，421(2)：12-16.

[7] 刘芳，柴艳婷，徐洪，等．十堰市竹山县某中学儿童心理健康现状研究［J］．中国社会医学杂志，2019，36(1)：61-64.

[8] 王玲玲，陈立文，陈素菡．留守儿童情绪障碍的研究［J］．浙江医学，2014，36(16)：1402-1403，1431.

[9] 李光友，陶方标．14～16岁留守儿童心理状况及自杀倾向分析［J］．中国公共卫生，2009，25(8)：905-907.

[10] 邓朝霞，李光友．贵州省≤14岁留守儿童自杀意念与父母外出打工类型关系［J］．中国公共卫生，2014，30(9)：1154-1156.

［11］刘霞，范兴华，申继亮．初中留守儿童社会支持与问题行为的关系［J］．心理发展与教育，2007，90(3)：98-102．

［12］胥大伟．2019年度中国留守儿童心灵状况白皮书发布：超过三成遭受性暴力对待［EB/OL］．（2020-01-13）［2021-10-01］．http://www.inewsweek.cn/society/2020- 01-13/8307.shtml．

［13］教育部．关于加强中小学心理健康教育的若干意见［EB/OL］．（1999-08-13）［2021-10-20］．http://www.moe.gov.cn/s78/A06/ jcys_left/moe_710/s3325/201001/t20100128_81958.html．

［14］教育部．教育部关于印发《中小学心理健康教育指导纲要》的通知［EB/OL］．（2002-8-01）［2022-10-01］．http://www.moe.gov.cn/jyb_xxgk/gk_ gbgg/moe_0/moe_8/moe_27/tnull_450.html．

［15］教育部．教育部关于印发《中小学心理健康教育指导纲要（2012年修订）》的通知［EB/OL］．（2012-12-07）［2021-10-07］．http://www.moe.gov.cn/ srcsite/A06/s3325/201212/t20121211_145679.html．

［16］全国妇联，教育部，中央文明办，等．关于印发《关于指导推进家庭教育的五年规划（2016—2020年）》的通知［EB/OL］．（2017-05-23）［2021-10-20］．https://www.nwccw.gov.cn/2017-05/23/ content_157752.htm．

［17］教育部．教育部关于印发《中小学德育工作指南》的通知［EB/OL］．（2017-08-17）［2020-09-12］．http://www.moe.gov.cn/srcsite/A06/s3325/201709/t20170904_313128.html．

［18］教育部，国家发展改革委，财政部，等．教育部等五部门关于全面加强和改进新时代学校卫生与健康教育工作的意见［EB/OL］．（2021-08-02）［2021-9-03］．http://www.gov.cn/zhengce/zhengceku/2021-09/03/content_5635117.htm．

［19］国家卫生健康委，中央政法委，中宣部，等．关于印发全国社会心理服务体系建设试点工作方案的通知［EB/OL］．（2018-12-04）［2021-10-20］．http://www.nhc.gov.cn/jkj/s5888/201812/ f305fa5ec9794621882b8bebf1090ad9.shtml．

［20］教育部，全国妇联，中央综合办，等．教育部等5部门关于加强义务教育阶段农村留守儿童关爱和教育工作的意见［EB/OL］．（2013-01-04）［2021-10-25］．http://www.moe.gov.cn/srcsite/A06/s7053/201301/t20130104_146671.html．

［21］国务院．国务院关于加强农村留守儿童关爱保护工作的意见［EB/OL］．（2016-02-04）［2021-10-25］．http://www.gov.cn/zhengce/content/ 2016-02/14/content_5041066.htm．

[22] 民政部，教育部，公安部，等. 关于进一步健全农村留守儿童和困境儿童关爱服务体系的意见 [EB/OL].（2019-04-30）[2020-1-12]. http://www.gov.cn/zhengce/zhengceku/2019-10 /16/content_5440604.htm.

[23] 谢霄. 国务院出台《关于加强农村留守儿童关爱保护工作的意见》[J]. 中国社会工作，2016(6)：4.

[24] 教育部办公厅. 教育部办公厅关于实施中小学心理健康教育特色学校争创计划的通知 [EB/OL].（2014-03-14）[2021-09-09]. http://www.moe.gov. cn /srcsite/A06/s3325/201403/t20140318_166186.html.

[25] 教育部办公厅. 教育部办公厅关于印发《中小学心理辅导室建设指南》的通知 [EB/OL].（2015-07-29）[2021-09-10]. http://www.moe.gov.cn/ srcsite/A06/s3325/201508/t20150811_199328.html.

[26] 国家卫生健康委，宣传部，中央文明办，等. 关于印发健康中国行动：儿童青少年心理健康行动方案（2019—2022年）的通知 [EB/OL].（2019-12-27）[2021-10-12]. http://www.gov.cn/xinwen/2019-12/27/content_5464437.htm.

[27] 国家卫生健康委办公厅，中央政法委办公厅，教育部办公厅，等. 关于印发全国社会心理服务体系建设试点2020年重点工作任务及增设试点的通知 [EB/OL].（2020-04-24）[2021-10-15]. http://www.gov.cn/zhengce/zhengceku/2020-04/28/content_5507156.htm.

[28] 教育部办公厅. 教育部办公厅关于加强学生心理健康管理工作的通知 [EB/OL].（2021-07-07）[2021-10-15]. http://www.moe.gov.cn/srcsite/A12/moe_ 1407/s3020/202107/t20210720_545789.html.

[29] 北京市教育委员会. 北京市教育委员会关于印发《北京市中小学心理健康教育工作纲要（修订）》的通知 [EB/OL].（2014-04-16）[2021-10-15]. http://jw.beijing. gov.cn/xxgk/zxxxgk/201602/t20160224_1445770.html.

[30] 北京市教育委员会，北京市卫生健康委员会. 北京市教育委员会北京市卫生健康委员会关于组织开展中小学生心理体检与心理危机干预试点工作的通知 [EB/OL].（2020-09-11）[2021-10-15]. http://jw.beijing.gov.cn/xxgk/zfxxgkml/zfgkzcwj/zwgzdt/202009/t20200921_2074913.html.

[31] 北京市教育委员会. 北京市“十四五”时期教育改革和发展规划（2021—2025年）[EB/OL].（2021-09-30）[2021-10-20]. http://jw.beijing.gov.cn/xxgk/ zfxxgkml/zwgkjhgh/202109/t20210930_2506772.html.

[32] 北京市教育委员会. 北京市教育委员会关于加强中小学生心理健康管理工作的通知 [EB/OL].（2021-10-09）[2021-10-20]. http://jw.beijing.gov.cn/xxgk/ zfxxgkml/zfgkzcwj/zwgzdt/202110/t20211009_2508581.html.

［33］上海市教育委员会．上海市教育委员会关于加强区县中小学心理健康教育中心建设的意见［EB/OL］．（2012-12-28）［2021-10-21］．https://wenku.baidu.com/view/ e177d6fca900b52acfc789eb172ded630b1c98a5.html?_wkts_=1682039059698．

［34］上海市教育委员会．上海市教育委员会关于“十三五”期间加强中小学心理健康教育教师队伍建设的实施意见［EB/OL］．（2017-04-20）［2021-10-21］．http://edu.sh.gov.cn/xxgk2_zdgz_xxdy_01/20201015/v2-0015-gw_411032017003.html．

［35］上海市教育委员会．上海市教育委员会关于加强上海学校心理健康教育的意见［EB/OL］．（2020-08-27）［2021-10-20］．http://edu.sh.gov.cn/zcjd_xxxljk/20201119/2c4a7e0697134eec83663ed56fb4c10a.html．

［36］上海市人民政府办公厅．上海市人民政府办公厅关于印发《上海市青少年发展“十四五”规划》的通知［EB/OL］．（2021-06-18）［2021-10-15］．https://www.shanghai.gov.cn/nw12344/20210709/0309ea3652544d3795c332c264df4280.html．

［37］湖南省教育厅．印发《关于加强我省中小学心理健康教育的意见》的通知［EB/OL］．（2001-05-09）［2021-10-25］．http://zcc.hnedu.gov.cn/c/2008-10-03/784468.shtml．

［38］中共湖南省委教育工委，湖南省教育厅．关于印发《加强新时代高校学生心理健康教育工作的实施办法》的通知［EB/OL］．（2021-02-23）［2021-10-19］．http://jyt.hunan.gov.cn/jyt/sjyt/xxgk/tzgg/202102/t20210225_1033637.html．

［39］广东省教育厅．广东省教育厅关于中小学心理健康教育工作规范指引［EB/OL］．（2016-02-25）［2021-10-19］．http://edu.gd.gov.cn/zwgknew/jyzcfg/dfjyzcfg/content/post_3381953.html．

［40］广东省教育厅．广东省教育厅关于中小学心理健康教育活动课内容指南［EB/OL］．（2016-02-25）［2021-10-19］．http://edu.gd.gov.cn/zwgknew/jyzcfg/dfjyzcfg/content/post_3381947.html．

［41］李中成．教育厅印发重磅文件，事关全省中小学生！［EB/OL］．（2020-10-13）［2021-10-19］．https://www.sohu.com/a/424200738_816332．

［42］中社社会工作发展基金会．“发现最美心灵使者·关注留守儿童心理健康”大型公益项目［EB/OL］．（2017-03-03）［2021-9-22］．http://www.zsswdf.org/content/1517．

［43］上学路上儿童心灵关爱中心．中国首部留守儿童心灵状况白皮书引发社会关注［EB/OL］．（2016-06-18）［2021-10-10］．https://www.sxlsngo.com/news/detail/id/57.

［44］袁发勇．关注留守儿童健康成长［EB/OL］．（2014-08-25）［2021-08-25］．http://www1.szzx.gov.cn/content/2014-08/25/content_10067291.htm.

［45］吴晓礼．关于加强乡村留守儿童关爱服务体系的提案［EB/OL］．（2016-02-28）［2021-10-20］．http://www.cppcc.gov.cn/zxww/2016/02/28/ARTI1456649663498630.shtml.

［46］萧辉．俞敏洪委员：让乡村学校从“小而弱”变成“小而美”［EB/OL］．（2018-03-18）［2021-10-18］．https://topics.caixin.com/2018-03-18/101222849.html.

［47］林仪．全国政协委员黄西勤：让农村儿童“幼有所育”［EB/OL］．（2018-03-03）［2021-09-20］．https://baijiahao.baidu.com/s?id=1593920928792295296&wfr=spider&for=pc.

［48］王厚启．翟美卿：推进农村儿童心理健康服务体系　提升儿童心理健康素质［EB/OL］．（2021-03-19）［2021-9-10］．http://m.xinhuanet.com/gd/2021-03/09/c_1127191341.htm.

［49］张楠．河南省政协委员赵明皞：建议进一步规范农村小学德育、体育、美育教学　保障农村儿童全面发展［EB/OL］．（2021-01-17）［2021-10-20］．http://www.henan.gov.cn/2021/01-17/2080523.html.

［50］歌路营．成长故事课［EB/OL］．［2021-10-20］．https://www.growinghome.org. cn/project/class.

［51］中华少年儿童慈善救助基金会．中华儿慈会与心灵放映室牵手行知小学：走进“开学第一课”［EB/OL］．（2021-09-22）［2021-10-20］．https://baijiahao.baidu. com/s?id=1711564278398553588&wfr=spider&for=pc.

［52］日慈公益基金会．心灵魔法学院［EB/OL］．［2021-07-06］．https://www.ricifoundation.com/home/project/detail/project_id/1.html.

［53］李庆．慈弘乡村师生赋能计划：在真实的世界里为教师和学生搭建桥梁［EB/OL］．（2020-05-06）［2021-10-20］．http://www.gongyishibao.com/article.html?aid=14636.

［54］张岳，张陈．关爱留守儿童公益项目启动［EB/OL］．（2016-10-19）［2021-10-19］．http://health.people.com.cn/GB/n1/2016/1019/c14739-28790979.html.

［55］香江社会救助基金会．香江心灵成长计划［EB/OL］．［2021-10-20］．http://www. hkf.org.cn/mobile/xiangcun.php?typeid=54.

［56］郑佳．红伞计划志愿服务项目［EB/OL］．（2019-01-26）［2021-09-22］．http://zhuanti.hebnews.cn/2019-01/26/content_7338451.htm.

［57］王姗姗．12355：一条响了15年的暖心热线［EB/OL］．（2021-05-10）［2021-09-22］．https://qnzz.youth.cn/qckc/202105/t20210510_12926916.htm.

［58］夏瑾．清华大学心理援助热线增设青少年心理专线：你可以向陌生人匿名倾诉［EB/OL］．（2021-04-20）［2021-09-20］．http://zqb.cyol.com/html/2021-04/20/ nw.D110000zgqnb_20210420_2-10.htm.

［59］皮磊．关注乡村儿童心理健康，香江社会救助基金会启动“心灵魔法盒子一起捐活动”［EB/OL］．（2020-05-19）［2021-10-01］．http://www.gongyishibao.com/html/ gongyizixun/18760.html.

［60］中国网．中国家庭教育学会第五次会员代表大会召开［EB/OL］．（2014-07-01）［2021-09-21］．http://www.china.org.cn/bjzt/chinese/2014-07/01/content_32820823.htm.

［61］辛闻．青春期女童家庭教育基地试点项目启动［EB/OL］．（2017-06-17）［2021-09-11］．http://news.china.com.cn/txt/2017-06/17/content_41043756.htm.

［62］北京红枫妇女心理咨询服务中心．农民工家教3个10分钟［EB/OL］．（2012-03-10）［2021-10-20］．https://site.douban.com/141522/widget/notes/7129402/note/204410213/.

［63］国家卫生健康委．抑郁症防治核心信息［EB/OL］．（2017 3 22）［2021-10-09］．http://www.nhc.gov.cn.

［64］KOVACS M．The children's depression，inventory（CDI）［J］．Psychopharmacology bulletin，1985（21）：995-998.

［65］SPITZER R L，KROENKE K，WILLIAMS J B，et al．A brief measure for assessing generalized anxiety disorder：the GAD-7［J］．Archives of internal medicine，2006，166（10）：1092-1097.

［66］ACHENBACH T M，RESCORLA L A．Manual for the ASEBA school-age forms & profile：an integrated system of multi-informant assessments［M］．Burlington：University of Vermont Research Center for Children Youth & Families，2001.

［67］伍新春，刘畅，胡艳蕊，等．父亲教养投入问卷的编制及其信效度检验［J］．中国临床心理学杂志，2015，23（4）：576-579.

[68] DEWALT D A, THISSEN D, STUCKY B D, et al. Promis pediatric peer relationships scale: development of a peer relationships item bank as part of social health measurement[J]. Health psychology, 2013, 32(10): 1093-1103.

[69] ROSENBERG M, SCHOOLER C, SCHOENBACH C, et al. Global self-esteem and specific self-esteem: different concepts, different outcomes[J]. American sociological review, 1995, 60(1): 141-156.

[70] ROSENBERG M. Society and the adolescent self-image[M]. Princeton: Princeton University Press, 1965.

[71] DUCKWORTH A L, QUINN P D. Development and validation of the short grit scale(grit-S) [J]. Journal of personality assessment, 2009, 91(2): 166-174.

[72] DUCKWORTH A L, PETERSON C, MATTHEWS M D, et al. Grit: perseverance and passion for long-term goals[J]. Journal of personality and social psychology, 2007, 92(6): 1087-1101.

[73] LEWINSOHN P M, SEELEY J R, ALLEN N B, et al. Center for epidemiologic studies depression scale (CES-D) as a screening instrument for depression among community-residing older adults[J]. Psychology and aging, 1997, 12(2): 277-287.

[74] 何津，陈祉妍，郭菲，等. 流调中心抑郁量表中文简版的编制[J]. 中华行为医学与脑科学杂志，2013，22(12)：1133-1136.

[75] KROENKE K, SPITZER R L, WILLIAMS J B W, et al. Anxiety disorders in primary care: prevalence, impairment, comorbidity, and detection[J]. Annals of internal medicine, 2007, 146(5): 317-325.

[76] LUO Z, LI Y, HOU Y, et al. Adaptation of the two-item generalized anxiety disorder scale (GAD-2) to Chinese rural population: a validation study and meta-analysis[J]. General hospital psychiatry, 2019(60): 50-56.

[77] 王美萍，张文新. 青少年期亲子冲突与亲子亲合的发展特征[J]. 心理科学，2007，169(5)：1196-1198.

[78] FEINBERG M E, BROWN L D, KAN M L. A multi-domain self-report measure of coparenting[J]. Parenting, science and practice, 2012, 12(1): 1-21.

[79] 吴佳铭，李广隽，赵红. 中文版简易共同养育量表的信度和效度的研究[J]. 中国妇幼健康研究，2017，28(4)：369-371.

［80］MASLACH C，JACKSON S E，LEITER M P．Maslach burnout inventory：third edition［M］//ZALAQUETT C P，WOOD R J．Evaluating stress：a book of resources．Maryland：Scarecrow Education，1997：191–218．

［81］李超平，时勘．分配公平与程序公平对工作倦怠的影响［J］．心理学报，2003（5）：677–684．

［82］郭菲，陈祉妍．2019年科技工作者心理健康状况调查报告［M］//傅小兰，张侃，陈雪峰，等．心理健康蓝皮书：中国国民心理健康发展报告（2019—2020）．北京：社会科学文献出版社，2021：34–60．